工程制图
（第2版）
习题集

魏迎军 黄锦山 ◎ 主编

毕艳 詹梦思 陈峰 黄晶 徐先勇
袁静芳 周思杨 王文琪 陈振兴 ◎ 参编

清华大学出版社
北京

内 容 简 介

本习题集根据教育部高等学校工程图学教学指导委员会 2015 年修订的"普通高等学校工程图学课程教学基本要求"，贯彻最新颁布的有关制图的国家标准编写而成。

本习题集与黄锦山、魏迎军等主编的《工程制图》（第 2 版）教材配套使用，习题集的编排顺序与配套教材一致，内容包括制图的基本知识与原理、几何元素（点、直线和平面）的投影、基本体及其表面截交线、组合体的三视图、轴测图、工程形体的常用表达方法、螺纹紧固件和常用件、常用工程图样介绍。

本习题集可以作为普通高等学校机械类、电气类、近机械类各专业制图课程教材，也可以作为高职高专有关专业的教学用书，还可供培训机构和工程技术人员参考使用。

图书在版编目（CIP）数据

工程制图（第2版）习题集/魏迎军，黄锦山主编. -- 北京：清华大学出版社，2025. 6. -- ISBN 978-7-302-69482-3

Ⅰ. TB23-44

中国国家版本馆CIP数据核字第2025CE6254号

责任编辑：刘向威　李薇濛
封面设计：文　静
责任校对：李建庄
责任印制：丛怀宇

出版发行：清华大学出版社
　　　　网　　　　址：https://www.tup.com.cn，https://www.wqxuetang.com
　　　　地　　　　址：北京清华大学学研大厦 A 座　　　　　　邮　　编：100084
　　　　社　总　机：010-83470000　　　　　　　　　　　　邮　　购：010-62786544
　　　　投稿与读者服务：010-62776969，c-service@tup.tsinghua.edu.cn
　　　　质　量　反　馈：010-62772015，zhiliang@tup.tsinghua.edu.cn
　　　　课　件　下　载：https://www.tup.com.cn，010-83470236
印 装 者：天津安泰印刷有限公司
经　　销：全国新华书店
开　　本：260mm×185mm　　　　印　　张：13　　　　　　字　　数：194 千字
版　　次：2025 年 7 月第 1 版　　　　　　　　　　　　　　印　　次：2025 年 7 月第 1 次印刷
印　　数：1～1500
定　　价：39.00 元

产品编号：102999-01

前　言

本书与黄锦山、魏迎军等主编的《工程制图》（第2版）教材配套使用，编排顺序与配套教材一致，内容包括制图的基本知识与原理、几何元素（点、直线和平面）的投影、基本体及其表面截交线、组合体的三视图、轴测图、工程形体的常用表达方法、螺纹紧固件和常用件、常用工程图样介绍。

本书主要特点如下。

（1）全面贯彻最新国家标准《技术制图》和《机械制图》的有关规定。

（2）本书的章节与配套教材章节顺序对应。

（3）本书习题的编排尽量做到由易到难、由浅入深、逐步提高。

（4）为了因材施教，本书选题略有余量，教师可根据教学要求选择相应的练习内容。

本书由黄锦山、魏迎军主编。华中科技大学吴昌林教授主审了本书并提出了许多宝贵意见和建议。参加编写工作的老师及分工如下：第1、6、8章由黄锦山编写，第2章由詹梦思编写，第3章由黄晶编写，第4、5章由魏迎军编写，第7章由陈峰、毕艳编写，徐先勇提供了图形案例。本书在编写过程中，得到了华中科技大学许永年、谭琼、刘新和武汉大学李亚萍的帮助，同时得到了学校及教研室多位老师的大力支持，在此表示衷心的感谢！

由于编写水平有限，再版内容虽有所改进，但书中不当之处在所难免，恳请读者批评指正。

编　　者
2025 年 4 月

目　　录

1-1　制图基本知识填空题和选择题。

1.选择题

(1) 下列符号中表示强制国家标准的是（　　）。

A.GB/T　　　　B.GB/Z　　　　C.GB

(2) 我国的《机械制图》和《技术制图》国家标准，全部是（　　）。

A.推荐性国家标准

B.强制性国家标准

C.指导性国家标准

(3) 标题栏位于图纸的（　　）。

A.左下角　　　B.右下角　　　C.右上角

(4) 字体的（　　）代表字体的号数。

A.宽度　　　　B.斜度　　　　C.高度

(5) 不可见轮廓线采用（　　）来绘制。

A.粗实线　　　B.虚线　　　　C.细实线

(6) 下列比例中表示放大比例的是（　　）。

A.1：1　　　　B.2：1　　　　C.1：2

(7) 机械图中一般不标注单位，默认单位是（　　）。

A.mm　　　　B.cm　　　　C.m

(8) 图样上的对称中心线用（　　）绘制。

A.虚线　　　B.细实线　　　C.点画线

(9) 圆柱体的半径尺寸为30mm，其尺寸标注应为（　　）。

A.R30　　　　B. ϕ60　　　　C.SR30

(10) 在平面图形中确定尺寸位置的点、直线称为（　　）。

A.尺寸基准　　　B.尺寸定型　　　C.尺寸定位

2.填空题

(1) 图纸的幅面分为_____幅面和_____幅面两类。

(2) 图纸的基本幅面有___、___、___、___、____五种。

(3) 图纸格式分为_____和_____，按标题栏的方位又可将图纸格式分为_____和_____两种。

(4) 标题栏位于图纸的_____。

(5) 常用比例有_____、_____和_____三种。

(6) 1：2为_____比例，2：1为_____比例。无论采用哪种比例，图样上标注的应是机件的_____尺寸。

(7) 汉字应用___体书写，数字和字母应书写为___或___。

(8) 机械图样中，机件的可见轮廓线用_____画出，不可见轮廓线用_____画出，尺寸线和尺寸界线用_____画出，对称中心线和回转体轴线用_____画出。

(9) 完整的尺寸包括_____、_____和尺寸数字三个基本要素。

1-2　线型练习：在右边按尺寸大小，用1：1的比例抄画左边的图线、图形。

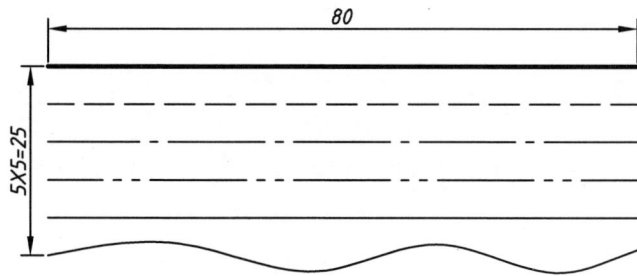

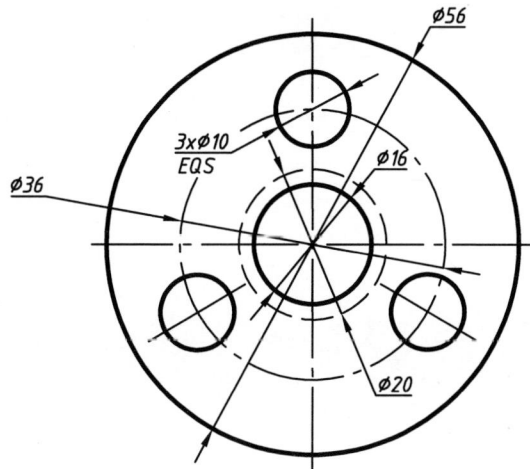

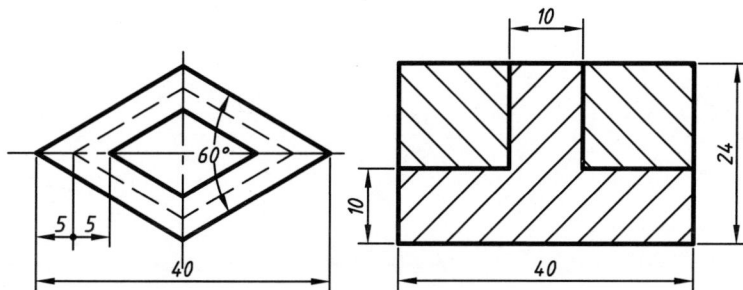

1-3　圆弧连接： 按尺寸大小，用1:2的比例在右边空白处抄画左边的图形。

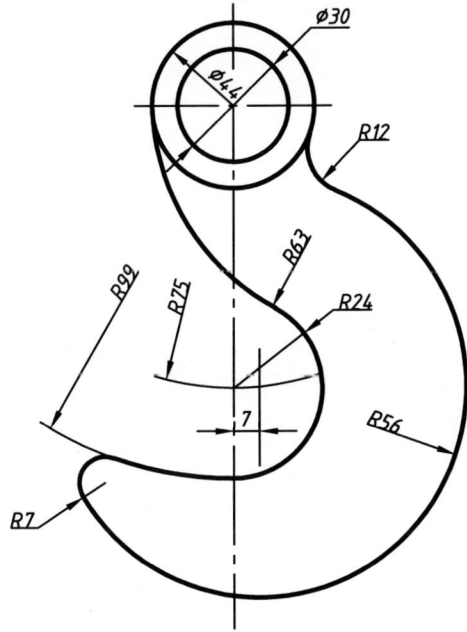

1-4　按1：1的比例用所给尺寸完成下列图形的线段连接，标出连接圆弧的圆心和连接点。

（1）

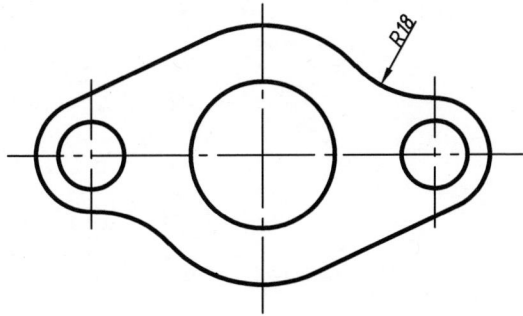

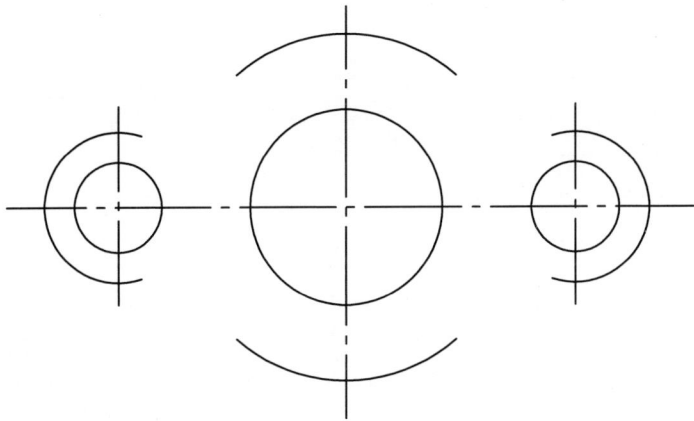

（2）

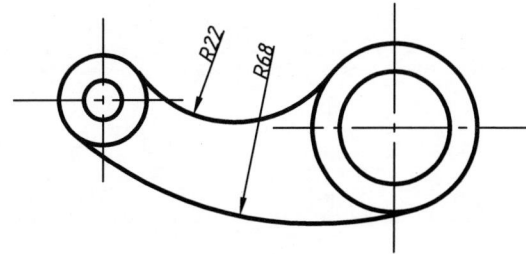

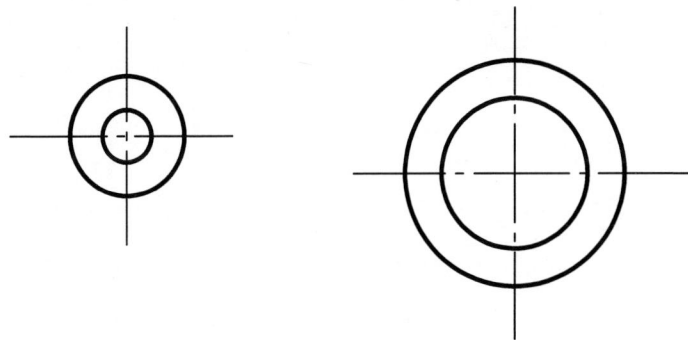

1-5　参照两图形状，按所给尺寸，用1∶1的比例画完全图,并标注尺寸、斜度、锥度（粗实线描深）。

（1）斜度	（2）锥度

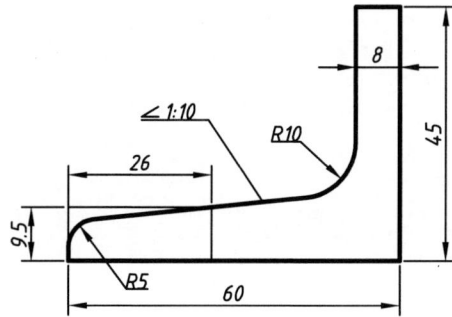

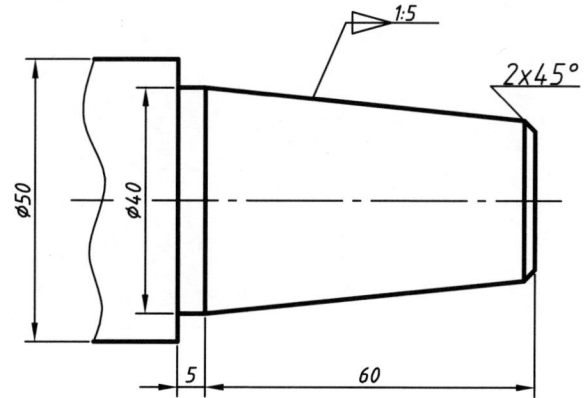

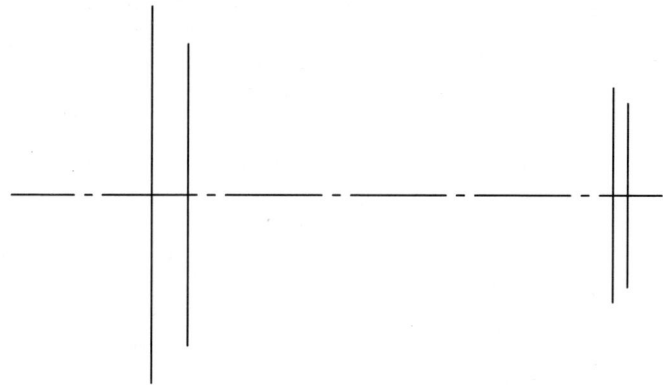

1-6　尺寸标注（尺寸数值按1:1的比例从图中量取，取整数）。

（1）线性尺寸及角度尺寸	（2）圆的直径		
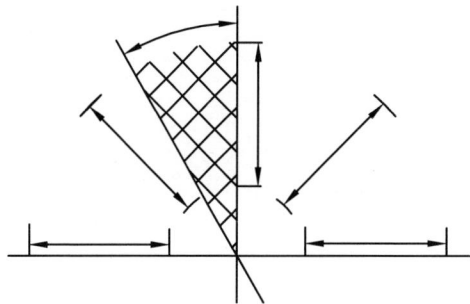	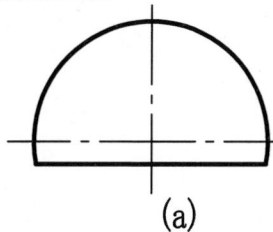　(a)	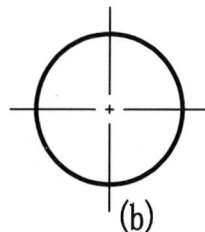　(b)	　(c)
	（3）圆弧半径		
	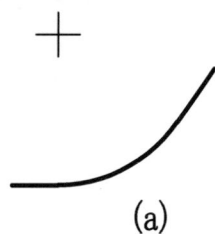　(a)	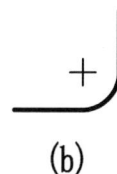　(b)	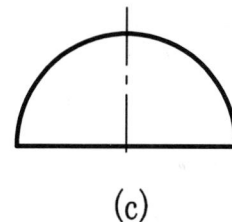　(c)

（4）平面图形尺寸标注

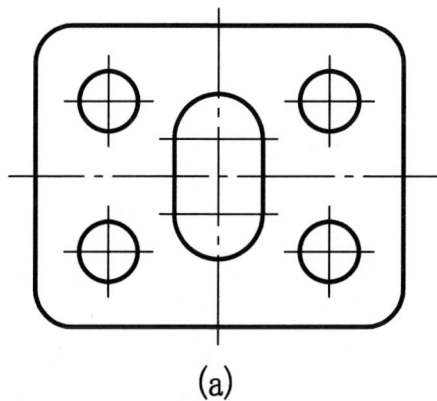

(a)

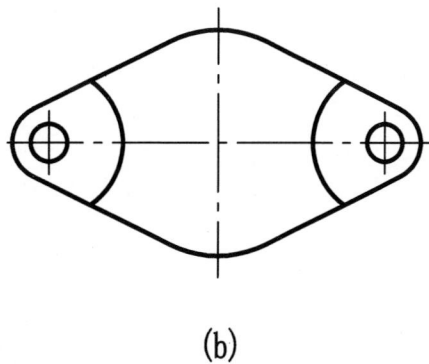

(b)

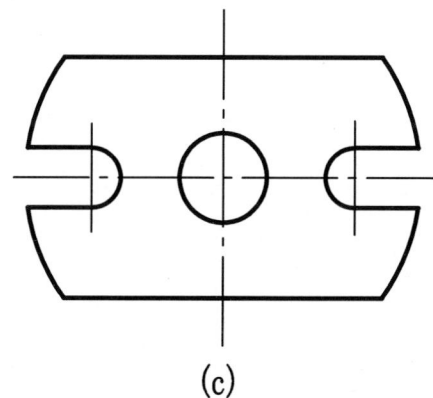

(c)

1-7 找出下列图形中尺寸标注的错误（在其上打×），并将修正后图形的全部正确尺寸标注在各自的空白图上。

(1)

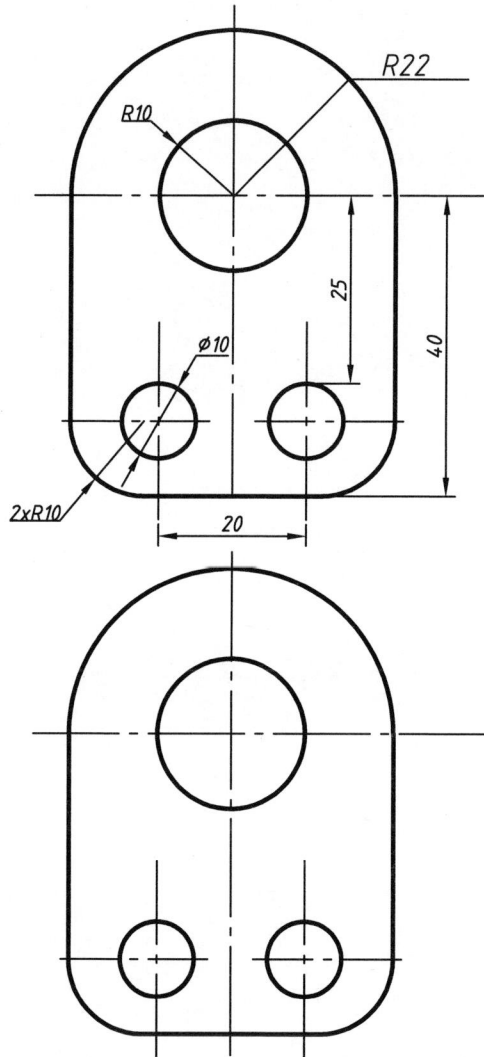

(2)

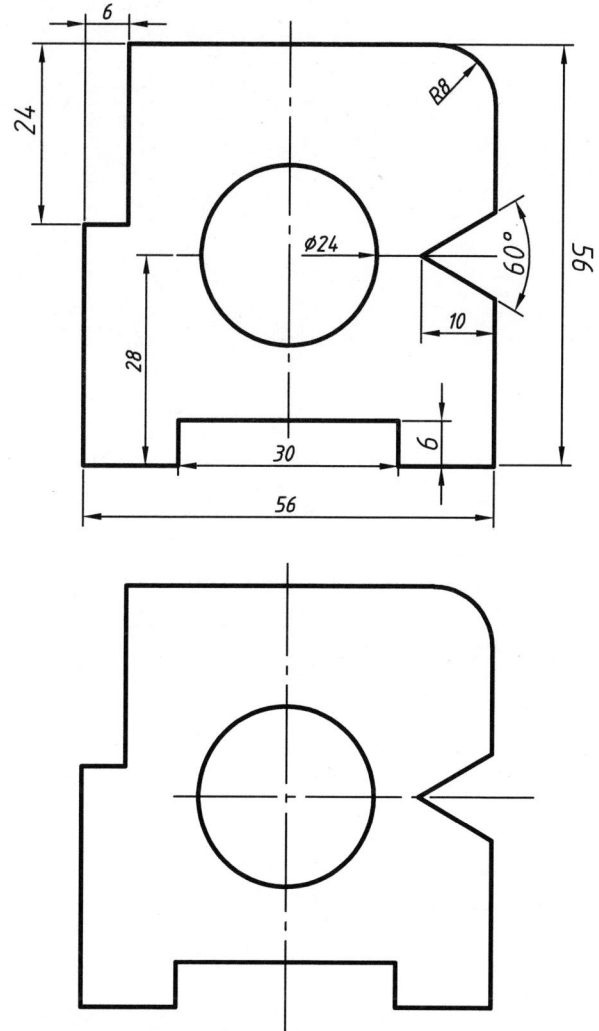

1-8 草图练习：在坐标格子上徒手画出下列平面图形和尺寸。

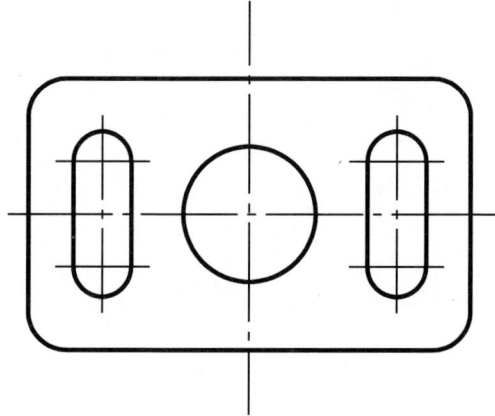

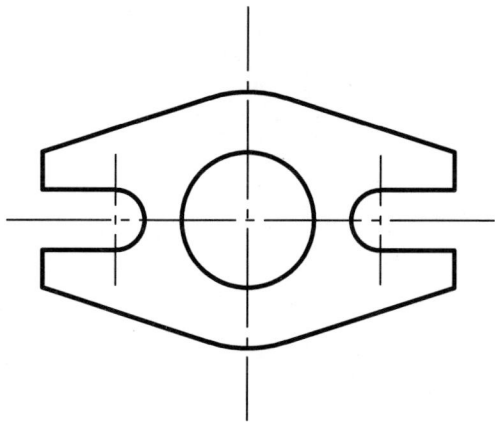

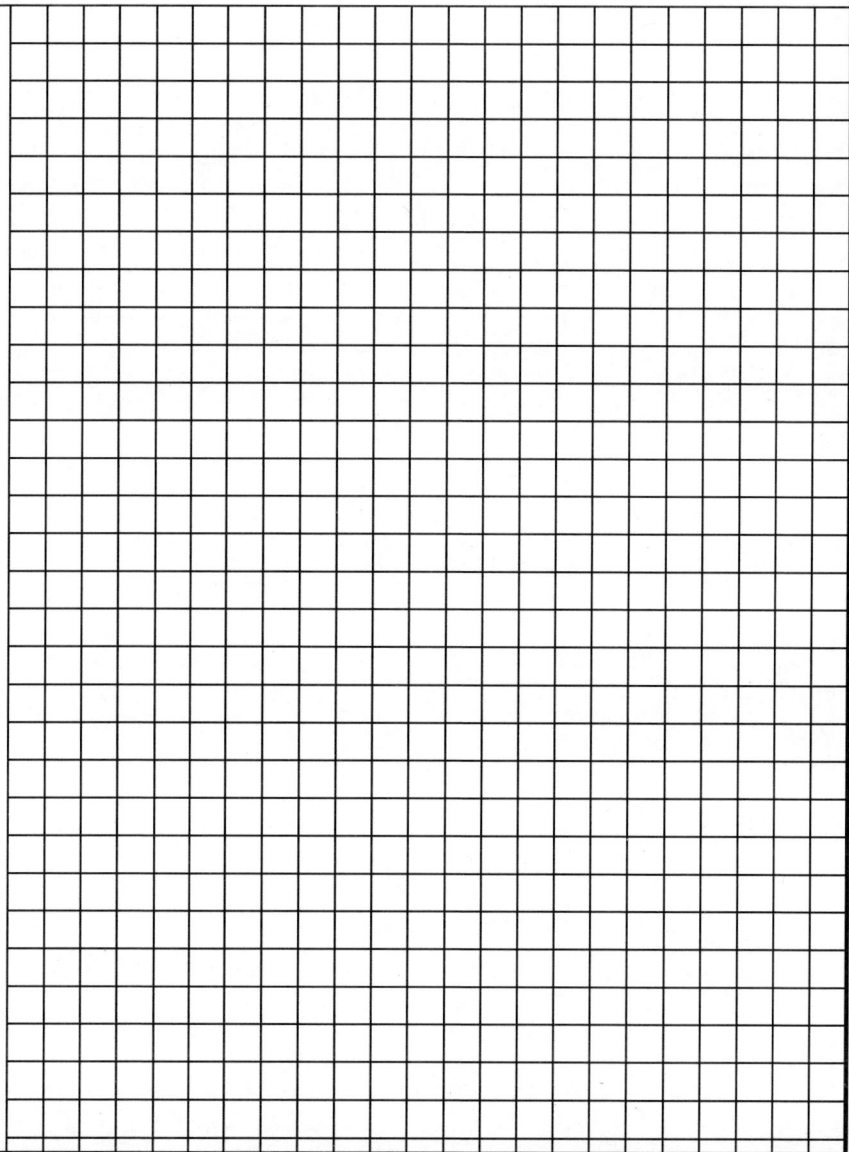

2-1　根据轴测图求作各点的投影图。

点A

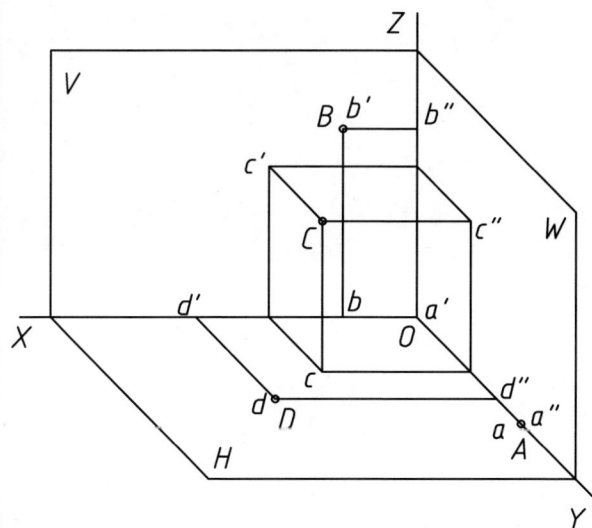

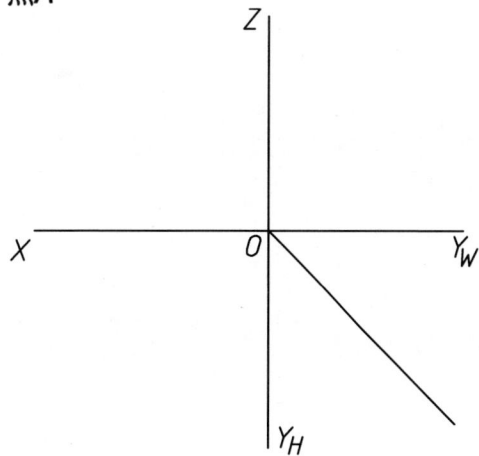

点B

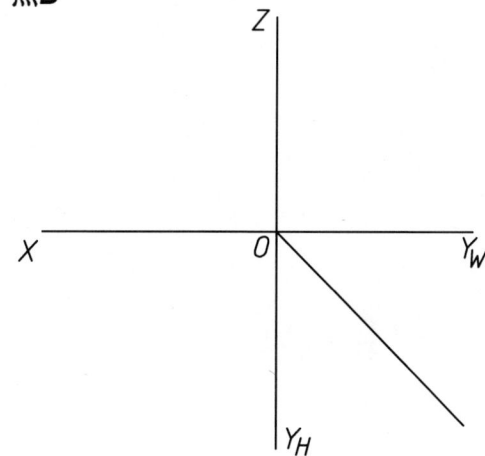

点C

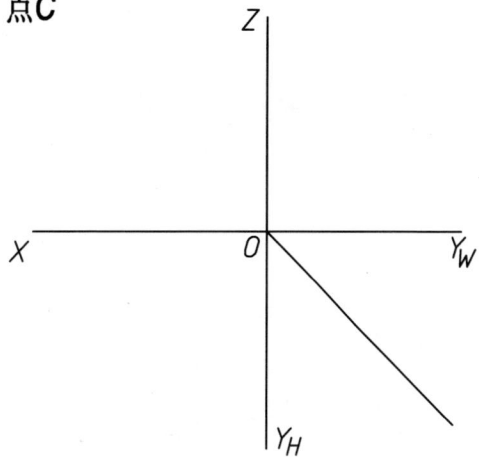

点D

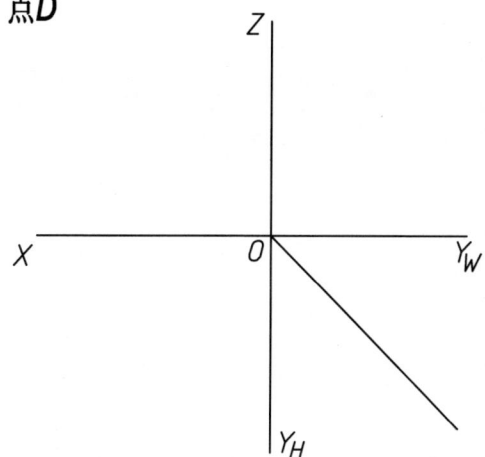

2-2　已知点A、B的两投影，求作它们的第三投影。	2-3　已知特殊位置点的二面投影，求出其第三面投影，并在括号内填写其空间位置。

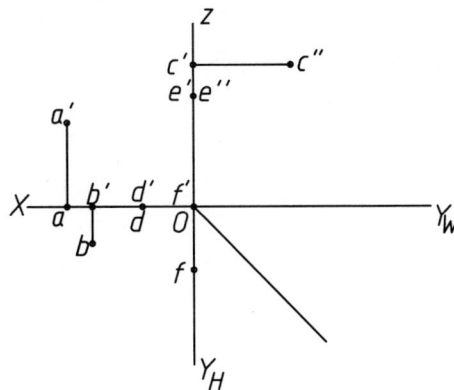

2-2 已知点A、B的两投影，求作它们的第三投影。

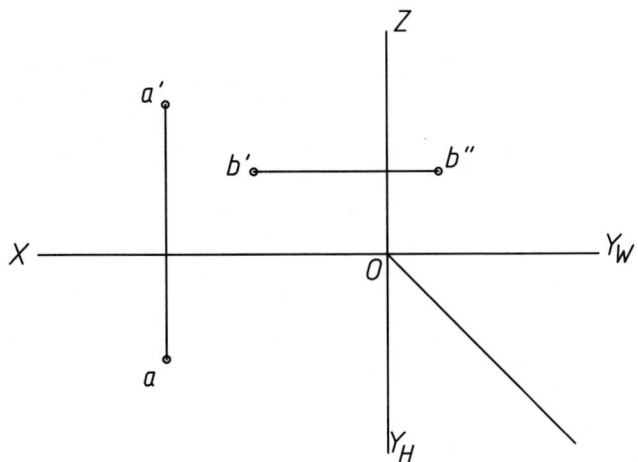

A点（V面）
B点（　　）
C点（　　）
D点（　　）
E点（　　）
F点（　　）

2-4　已知下列各点的坐标，画出其三面投影。	2-5　点B在点A的正前方20mm，求作点B的三面投影，并判别其可见性。

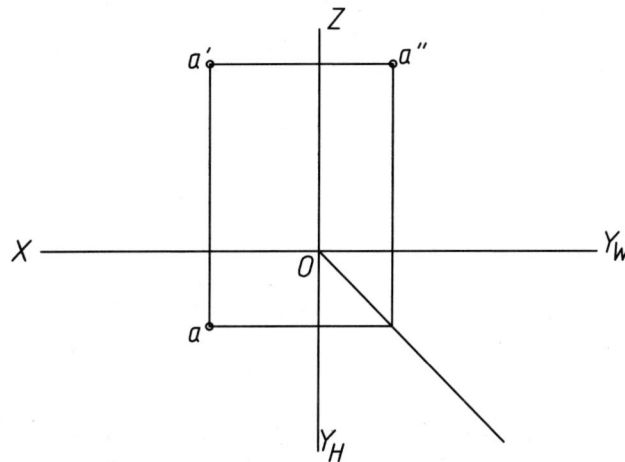

2-4 已知下列各点的坐标，画出其三面投影。

(1) *A* (20，20，10)　　(2) *B* (0，10，20)

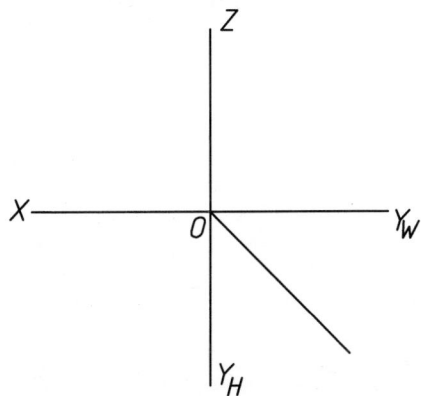

2-6　求下列直线的第三面投影，并说明它们对投影面的相对位置。

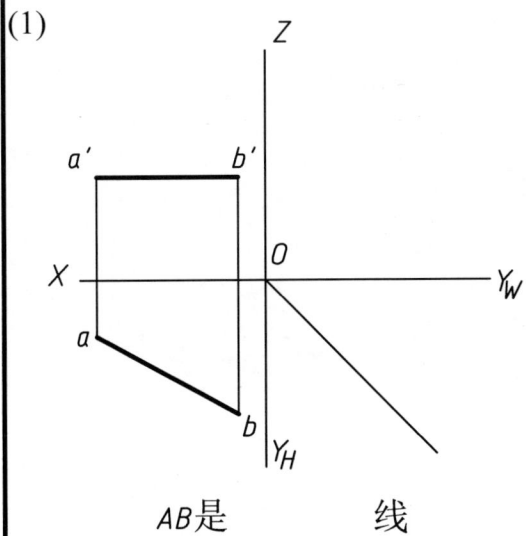

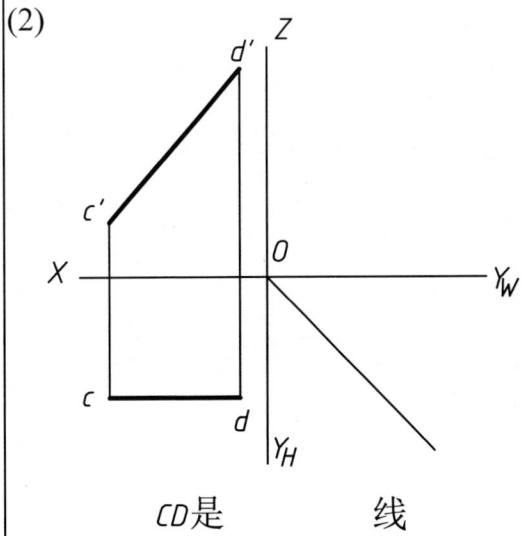

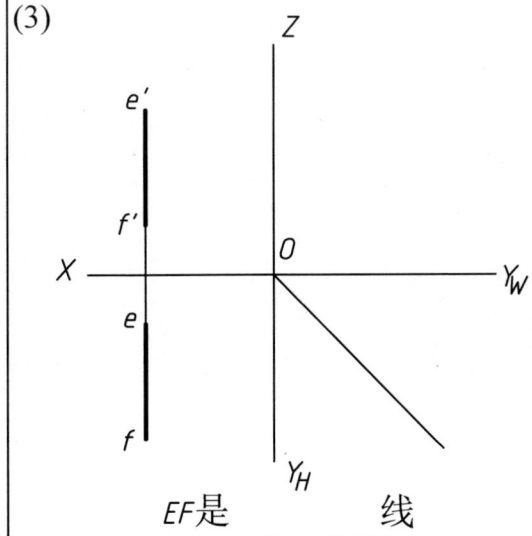

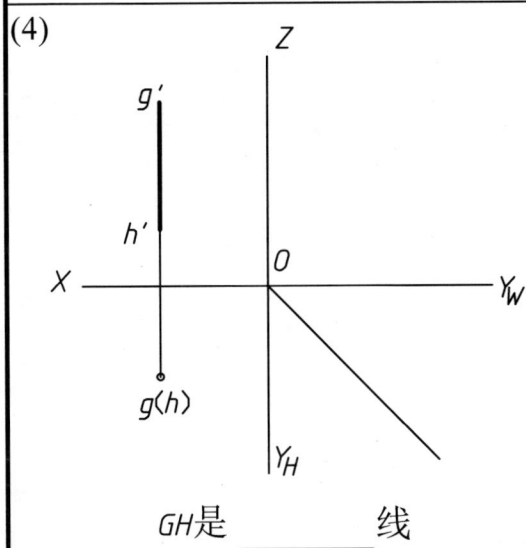

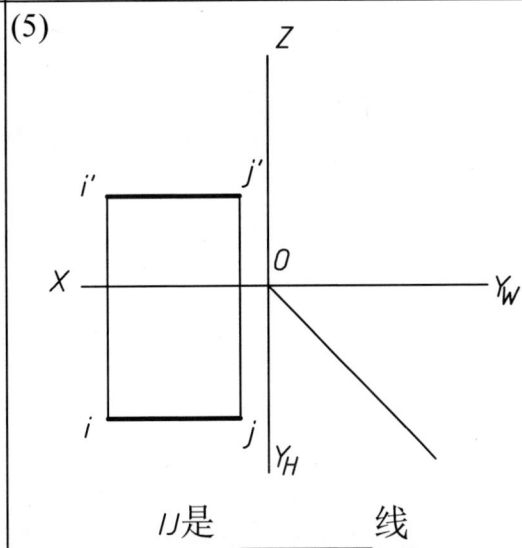

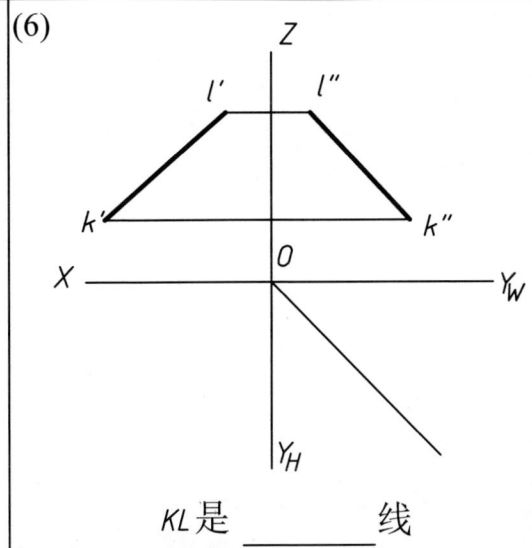

(1)

*AB*是 ＿＿＿＿ 线

(2)

*CD*是 ＿＿＿＿ 线

(3)

*EF*是 ＿＿＿＿ 线

(4)

*GH*是 ＿＿＿＿ 线

(5)

*IJ*是 ＿＿＿＿ 线

(6)

*KL*是 ＿＿＿＿ 线

2-7　对照投影图和轴测图，标出字母所指直线在对应图上的投影，并填空回答问题。

| (1) 标出轴测图上*AB*、*BC* 等线段在三视图中的投影，并填空。 | (2) 标出*AB*、*BC* 等线段的第三投影，用相应字母标注在轴测图上，并填空。 |

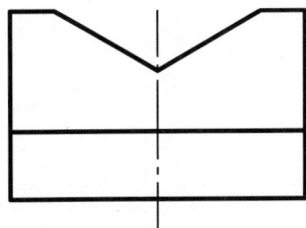
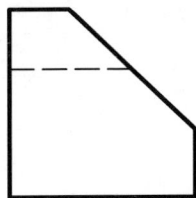
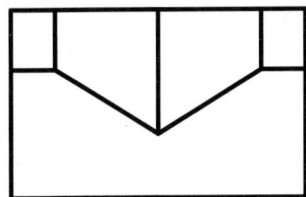
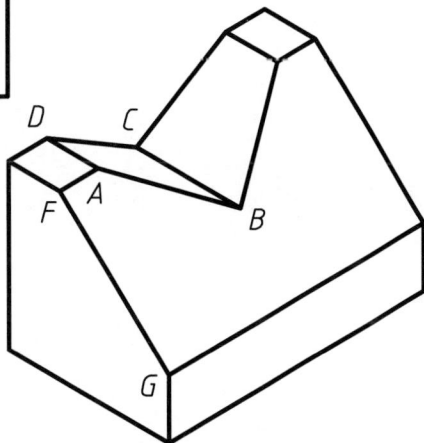

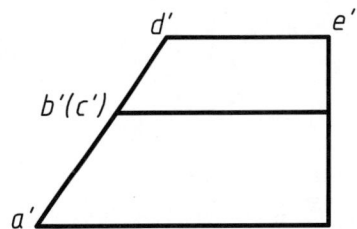
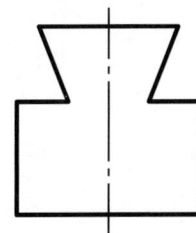
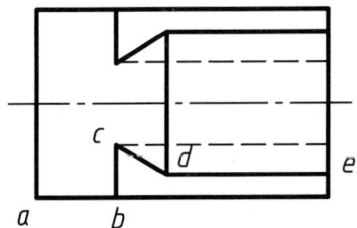
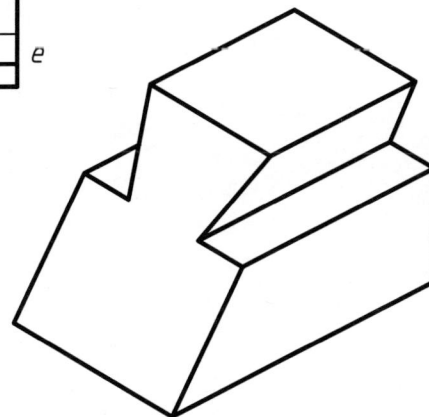

*BC*是_____线　　　　*DC*是_____线

*FG*是_____线　　　　*AB*是_____线

*AB*是_____线　　　　*DE*是_____线

*BC*是_____线　　　　*CD*是_____线

2-8　求下列直线的第三面投影，并判别两直线的相对位置（平行、相交、交叉）。

(1)

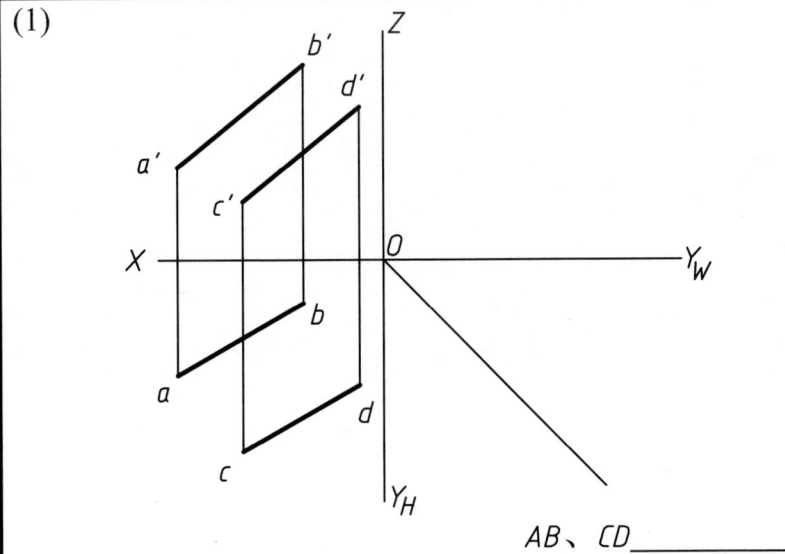

AB、CD＿＿＿＿＿

(2)

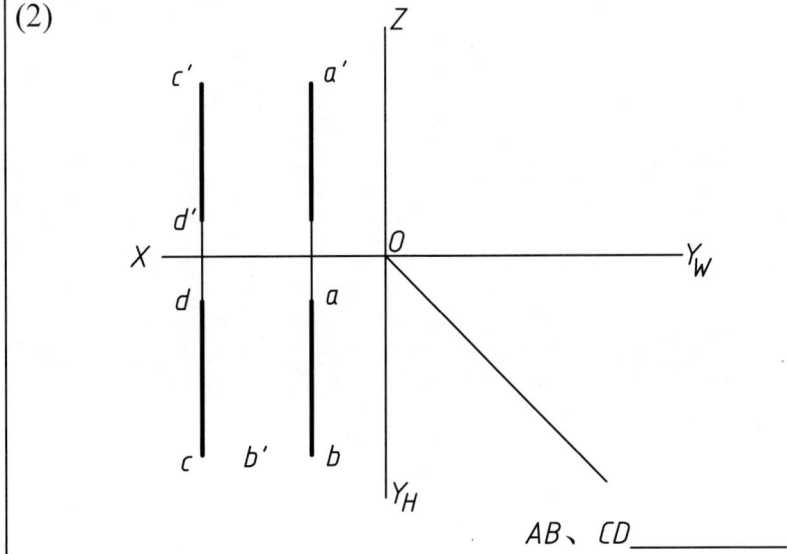

AB、CD＿＿＿＿＿

(3)

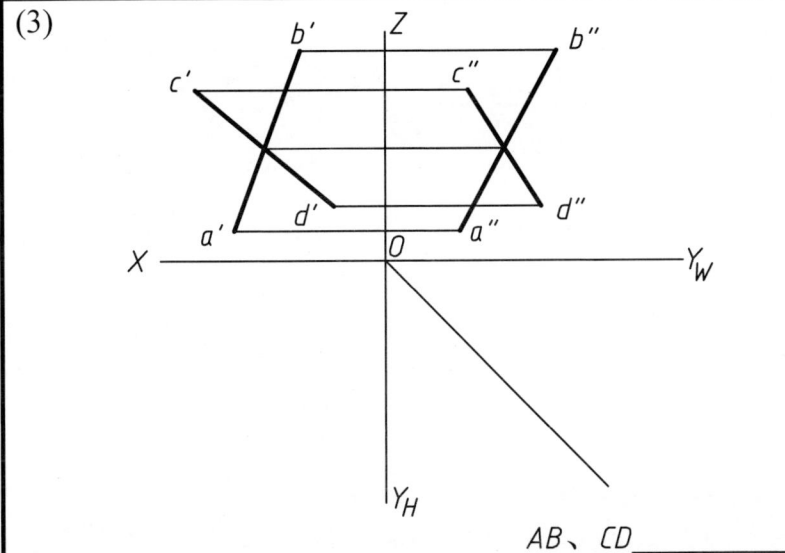

AB、CD＿＿＿＿＿

(4)

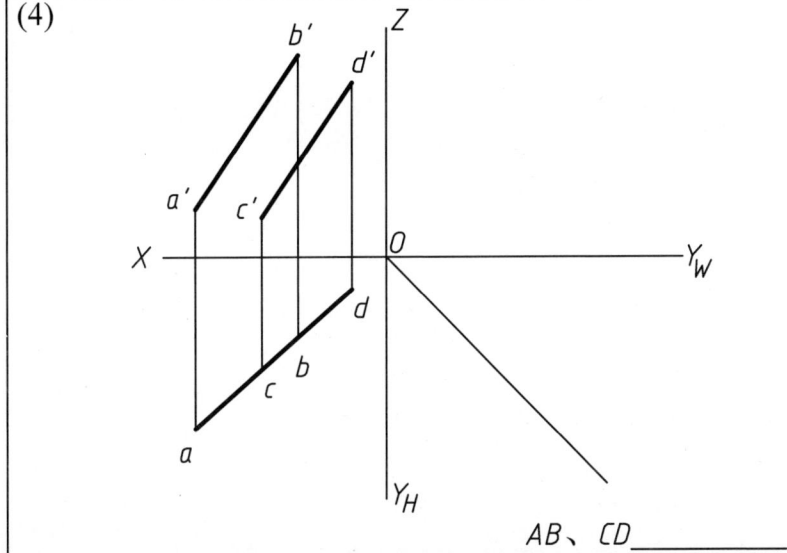

AB、CD＿＿＿＿＿

13

2-9　判断下列直线对投影面的相对位置，写出其名称，并画出它们的第三面投影。

(1)

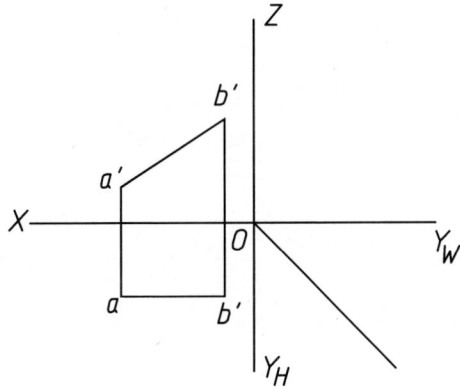

(2)

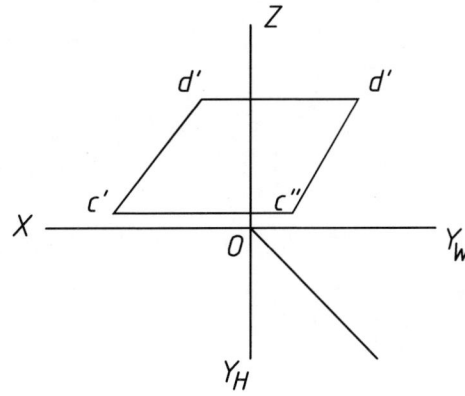

(3)

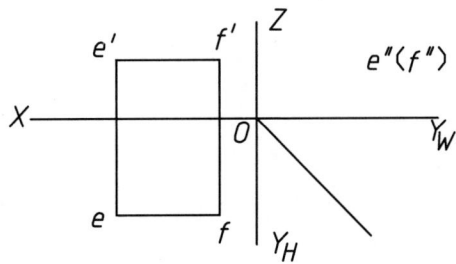

(4)

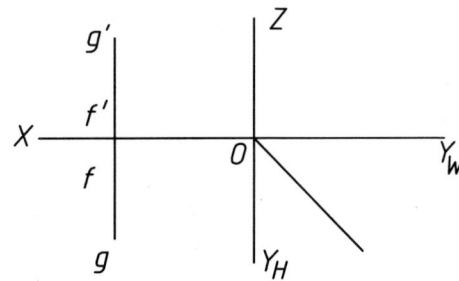

2-10　已知点K在直线AB上，且AK:KB=3:2，求作点K的两面投影。

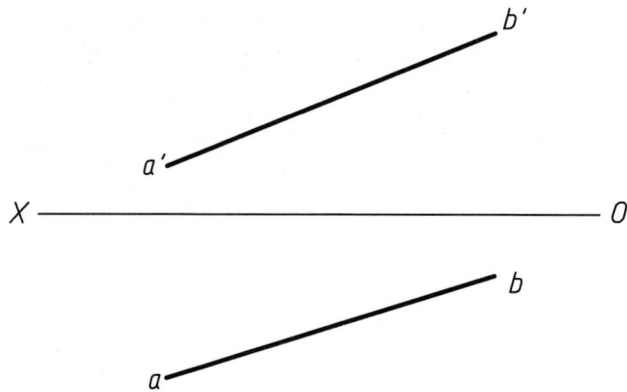

b'

a'

X —————————————————— O

b

a

2-11　判断点K是否在直线AB上，并求出直线AB和点K的水平投影。

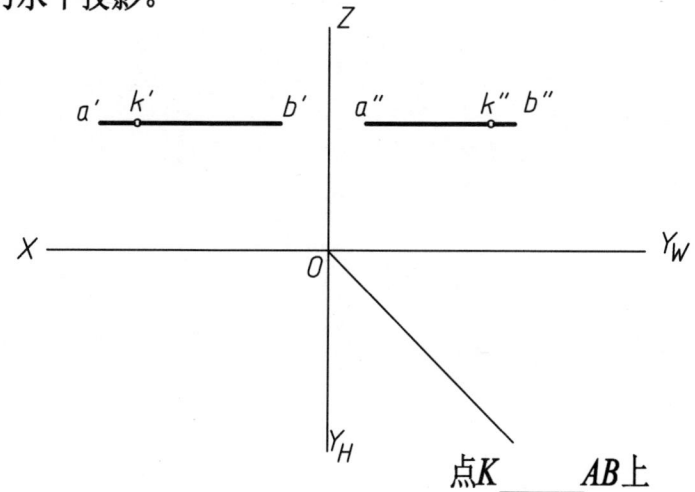

Z

a'　k'　　　b'　　　a"　　　k" b"

X —————————————————— Y_W

O

Y_H

点K＿＿＿＿AB上

2-12　在AB上求一点K，使点K到H、V面的距离相等，完成其三面投影。

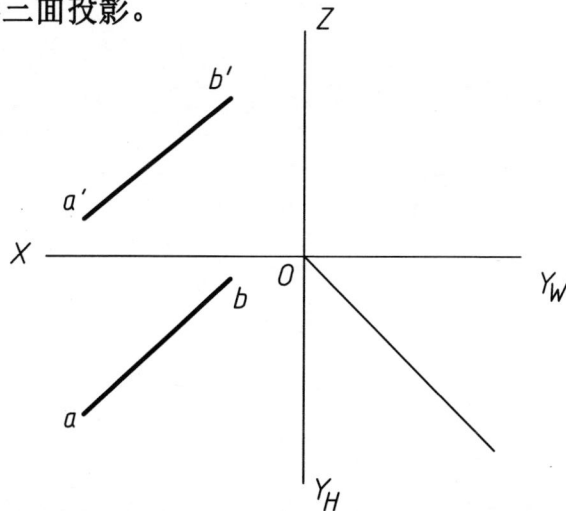

Z

b'

a'

X ————————————+———————— Y_W

b

O

a

Y_H

2-13　过点A作直线AB与直线CD相交，其交点B距V面15mm。

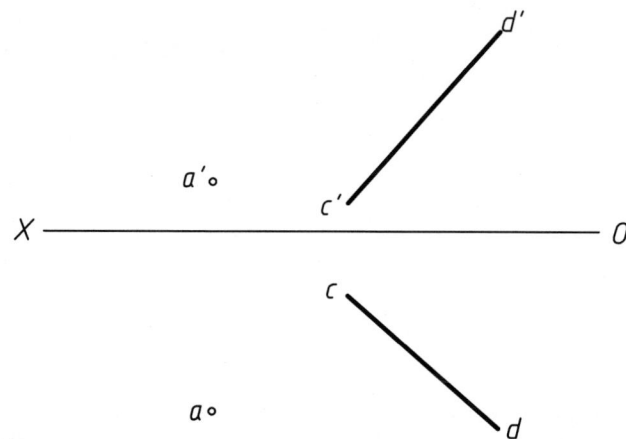

d'

a'○

c'

X —————————————————— O

c

a○

d

2-14 对照轴测图看懂三视图，在视图中画出立体图上指定平面的投影，指出哪个投影反映实形或有积聚性。

(1)例

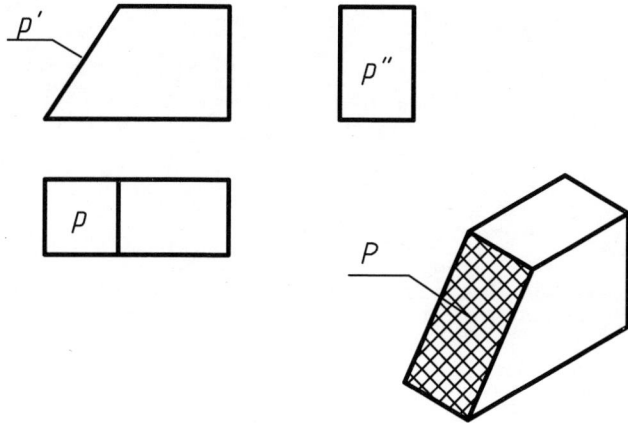

_____ p' 有积聚性

(2)

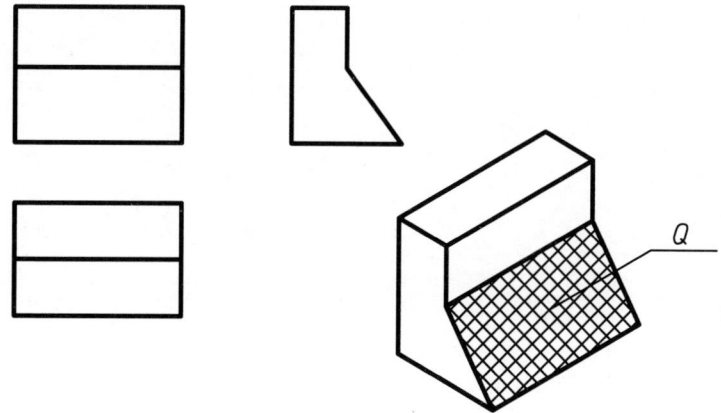

_____ 有积聚性

(3)

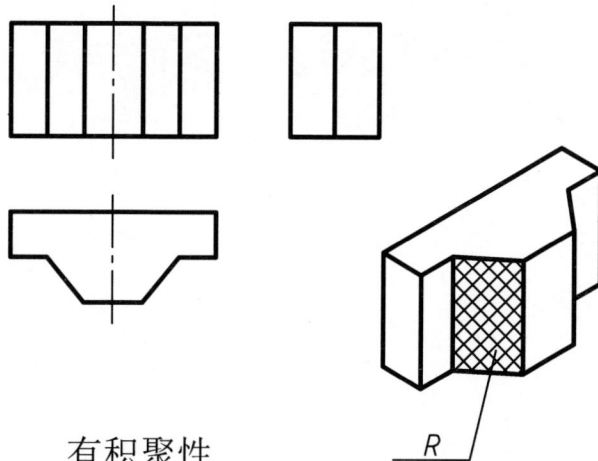

_____ 有积聚性

(4)

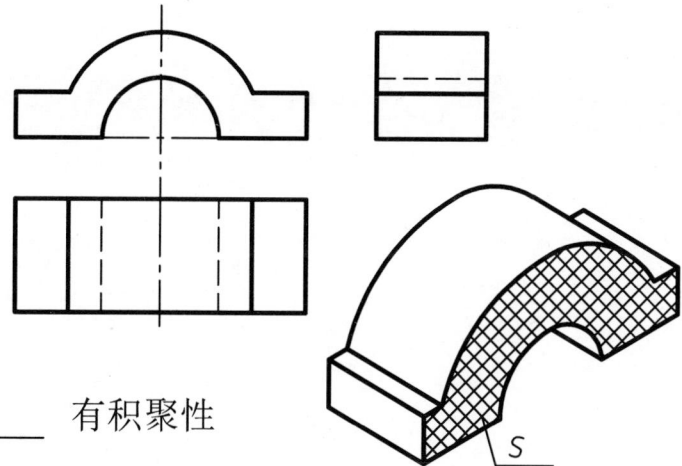

_____ 有积聚性

_____ 反映实形

2-15 求作下列物体的左视图，在三视图中标出指定平面的投影，并填空回答指定平面的位置。

(1)

A是_____面

B是_____面

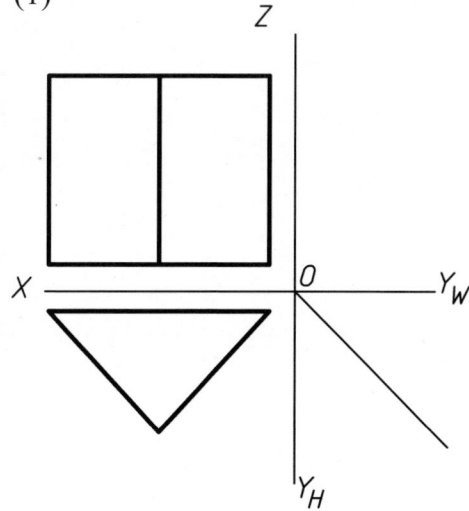
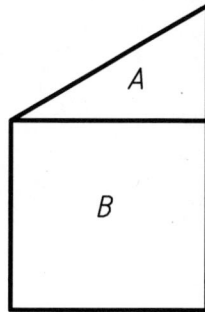

(2)

D是_____面

N是_____面

M是_____面

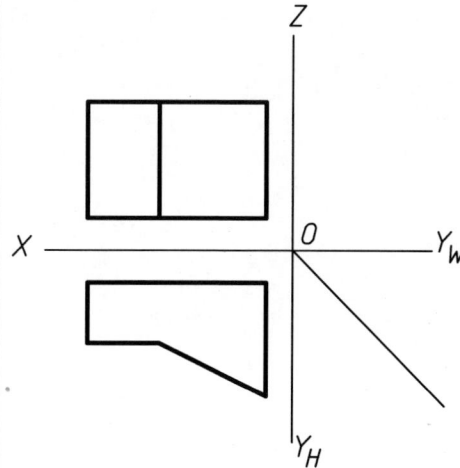
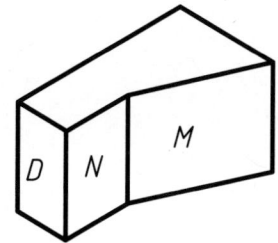

(3)

P是_____面

Q是_____面

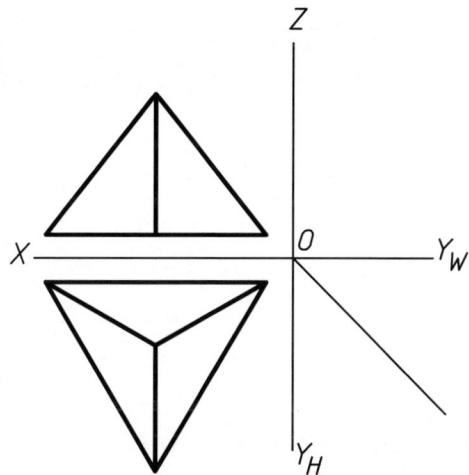
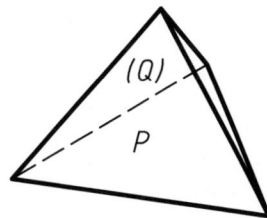

(4)

E是_____面

F是_____面

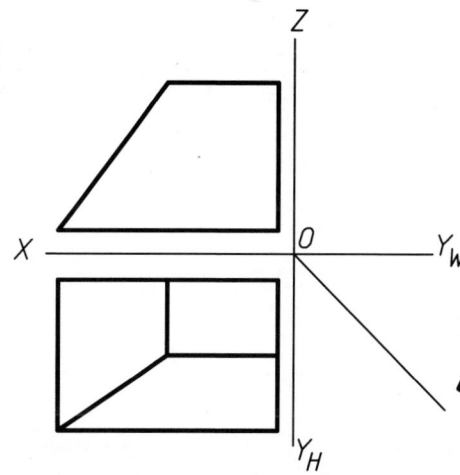
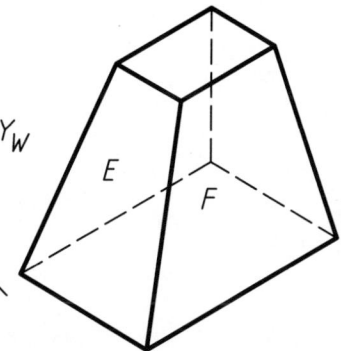

2-16 补画平面的第三面投影，并判断该平面是何种位置平面。

(1)

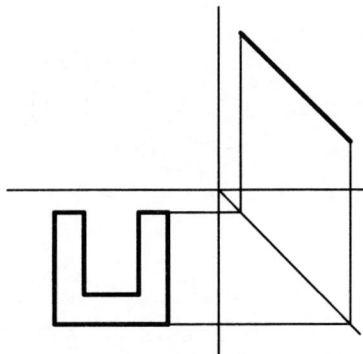

_____面

(2)

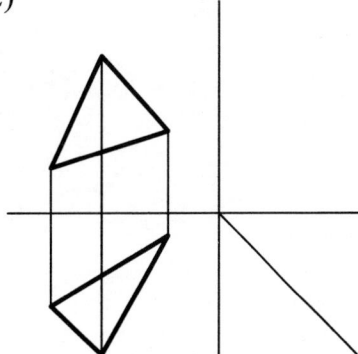

_____面

(3)

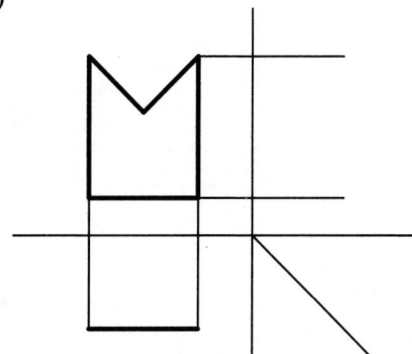

_____面

2-17 完成下列所示图形的水平投影。

(1)

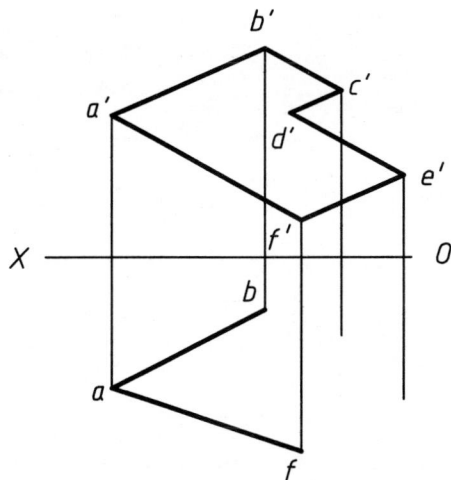

(2)

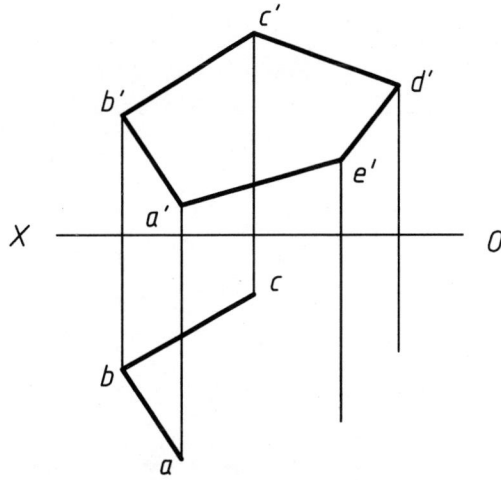

2-18 画出平面内五角星的 H 面投影。

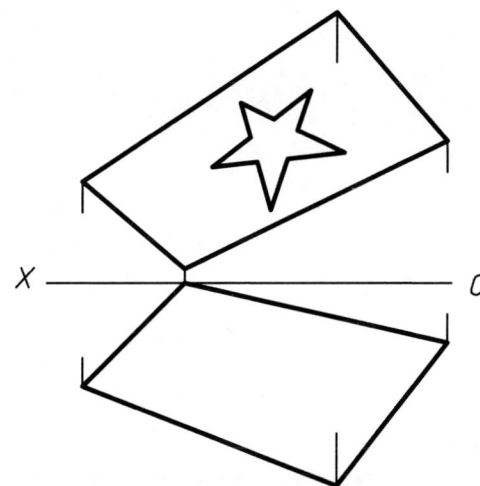

2-19 根据平面图形的两个投影求其第三投影，并判断该平面是何种位置平面。

(1)

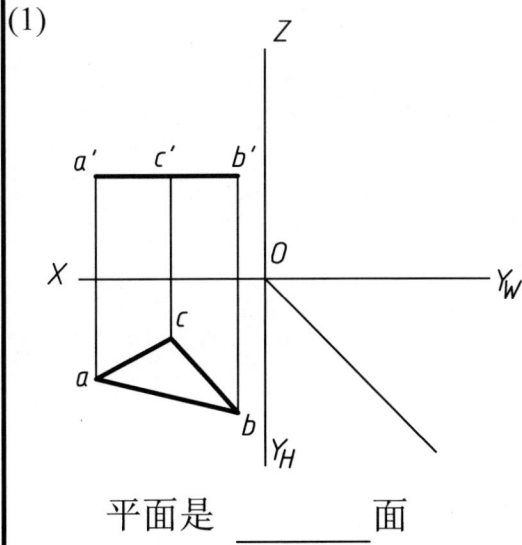

平面是 ＿＿＿＿＿ 面

(2)

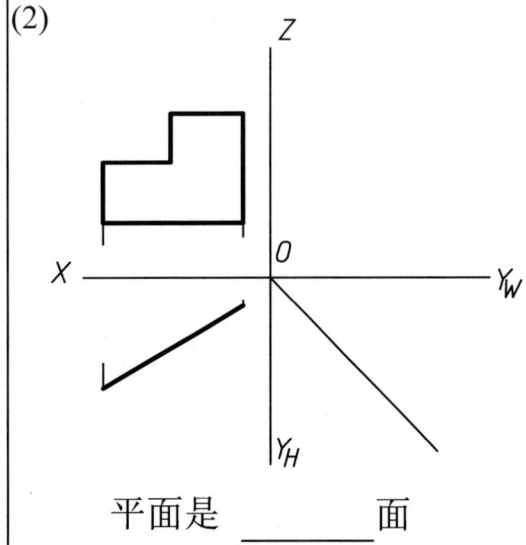

平面是 ＿＿＿＿＿ 面

(3)

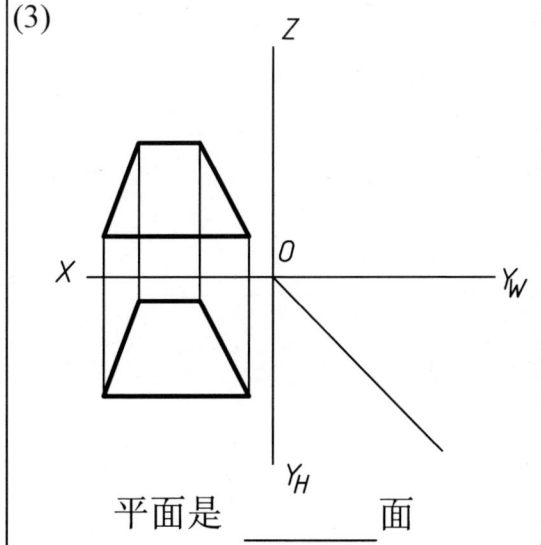

平面是 ＿＿＿＿＿ 面

(4)

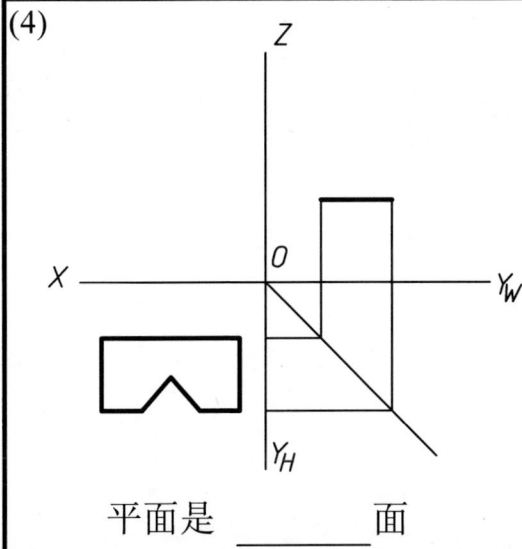

平面是 ＿＿＿＿＿ 面

(5)

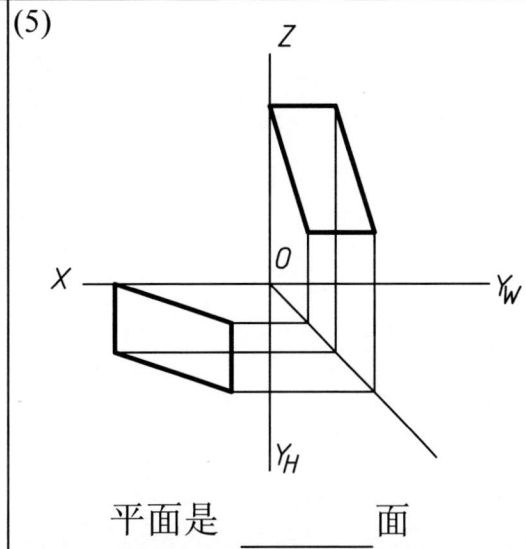

平面是 ＿＿＿＿＿ 面

(6)

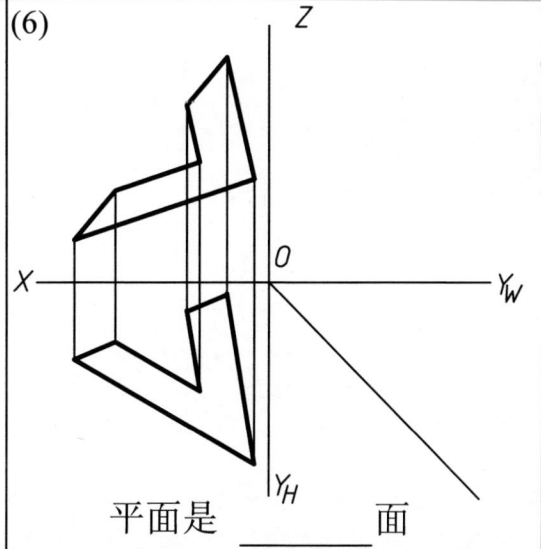

平面是 ＿＿＿＿＿ 面

3-1　画出平面立体的第三面投影，并补全立体表面上点A、B的其余两面投影。

(1)

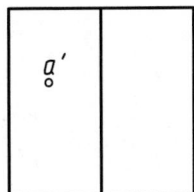

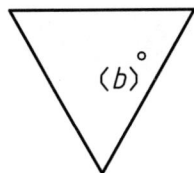

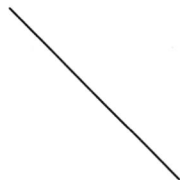

(2)

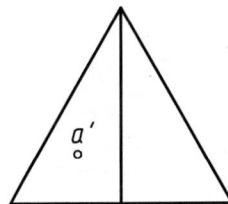

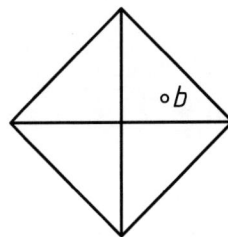

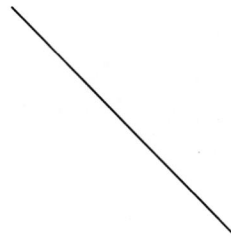

3-2　完成被切棱柱的第三面投影。

(1)

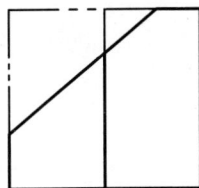

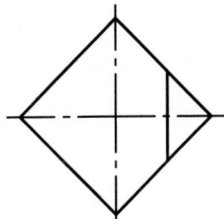

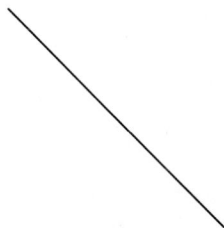

(2)

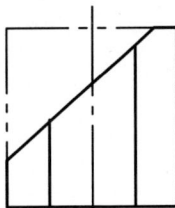

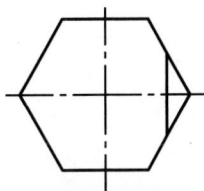

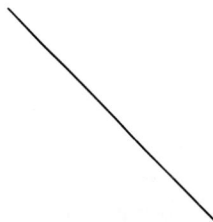

(3)

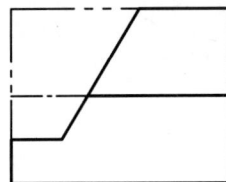

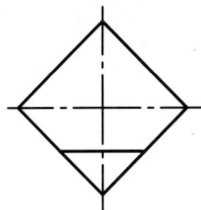

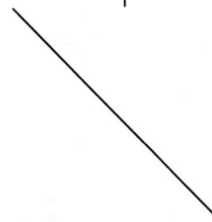

3-3 画出被切平面立体的第三面投影。

(1)

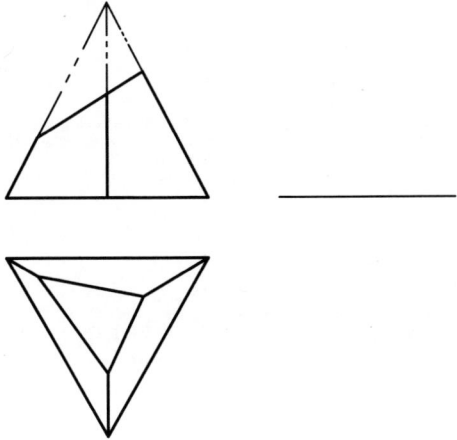

(2)

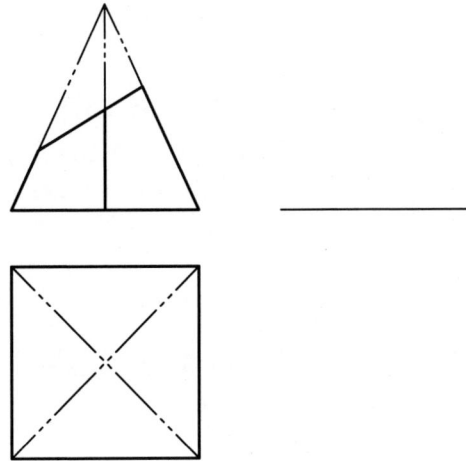

3-4 已知切割后三棱锥的正面投影，补全水平投影，画出侧面投影。

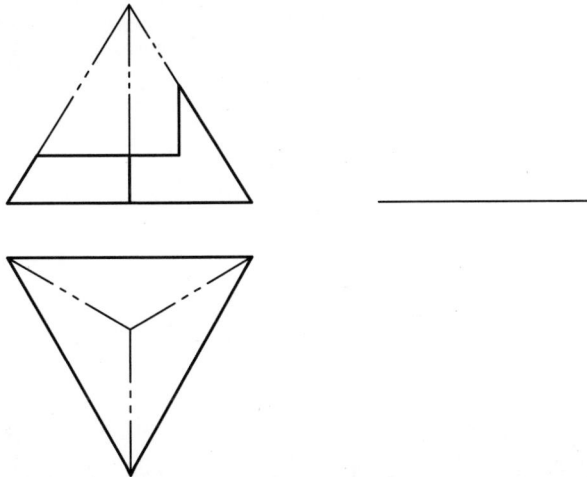

3-5 补全四棱台切口的水平投影，画出侧面投影。

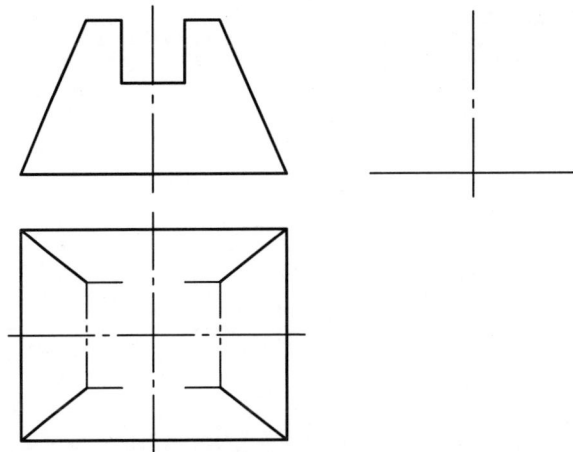

3-6　完成下列物体的水平投影。

(1)

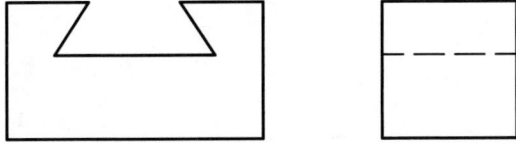

(2)

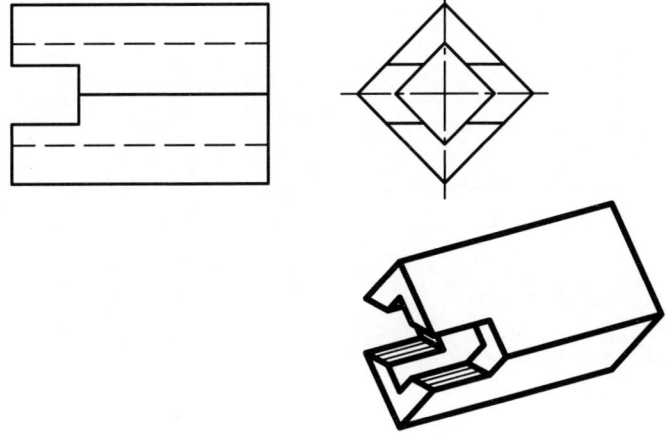

3-7　分析平面截切立体后的截交线，补全立体的三面投影。

(1)

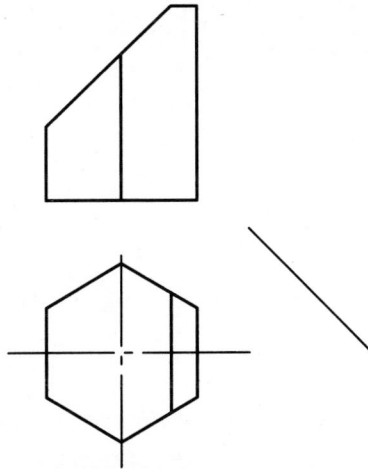

(2)

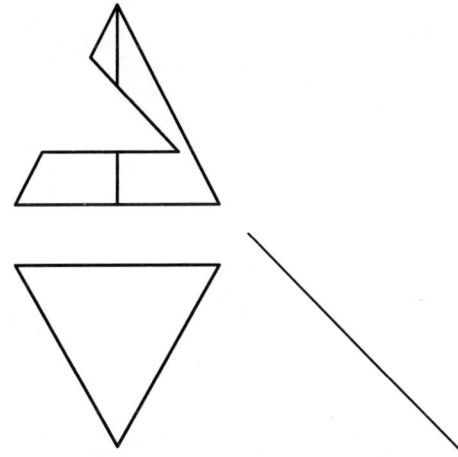

| 3-8 | 画出回转体的第三面投影，并补全表面上点A、B、C的其余两面投影。 |

(1)

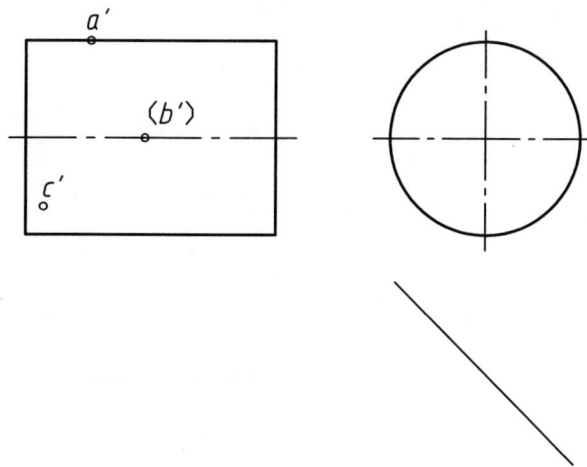

(2)

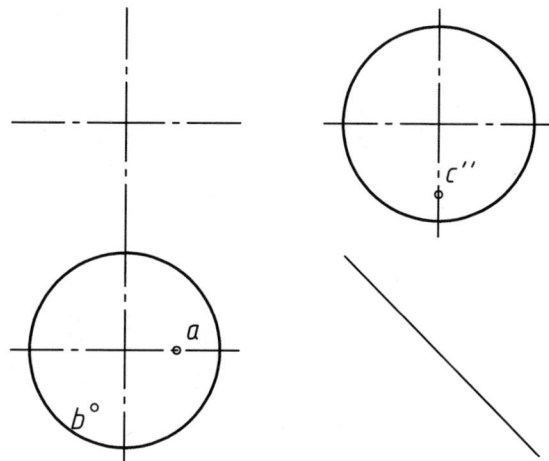

| 3-9 | 画出圆锥体表面上点A、B的其余两面投影。 |

(1) 用辅助直素线法

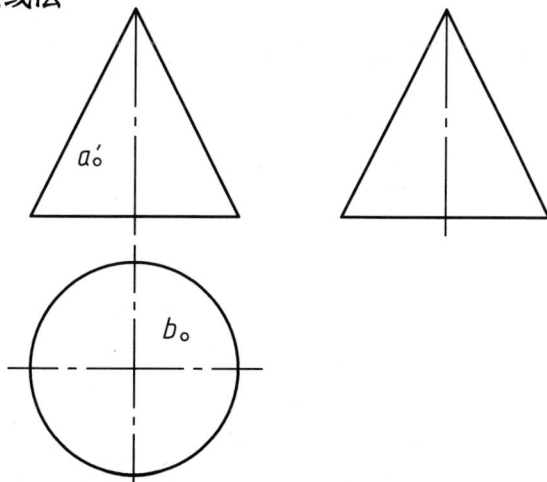

(2) 用辅助纬圆法

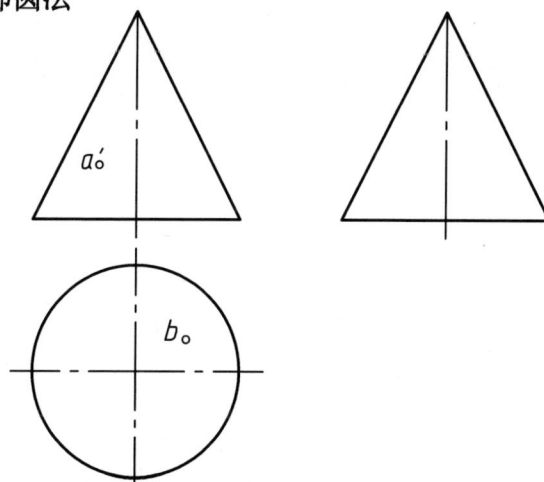

3-10 完成被截切圆柱的侧面投影。	3-11 完成被截切圆柱的水平投影。
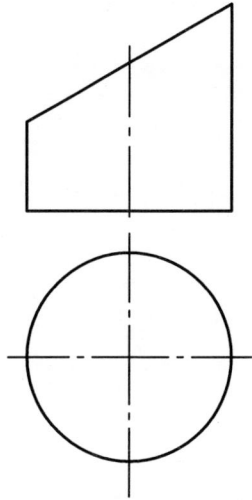	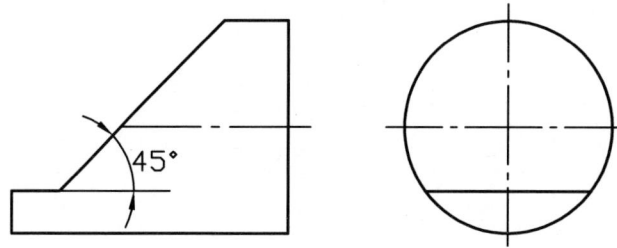

3-12 完成缺口圆柱的侧面投影和水平投影。

(1)	(2)
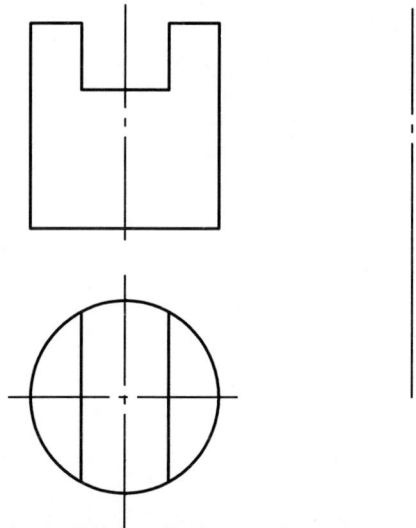	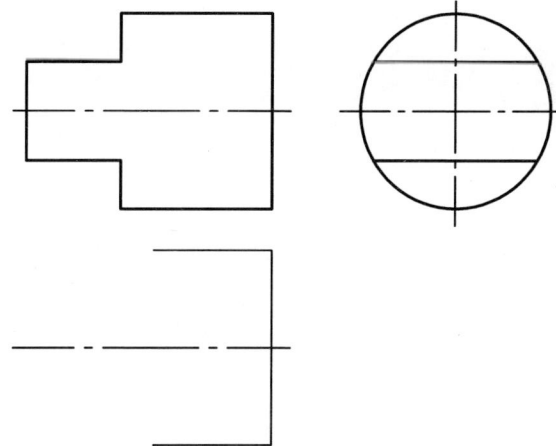

3-13 完成穿孔圆柱的第三面投影。

(1)

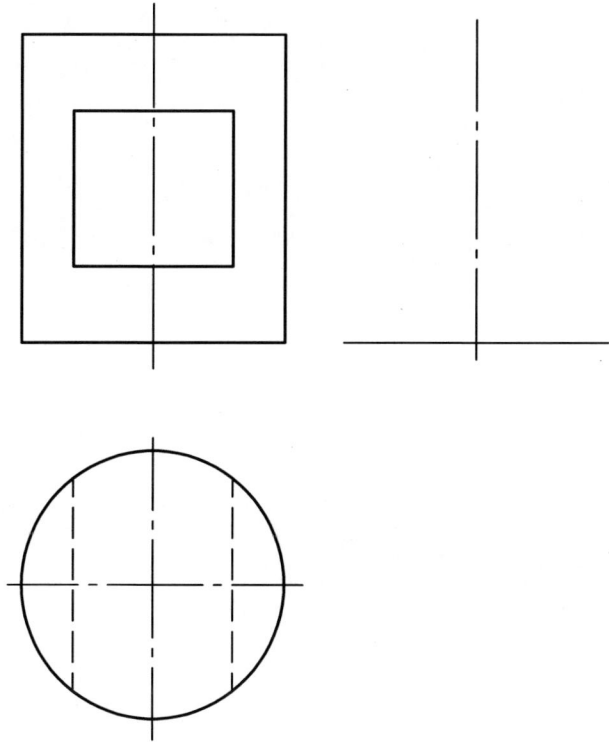

(2)

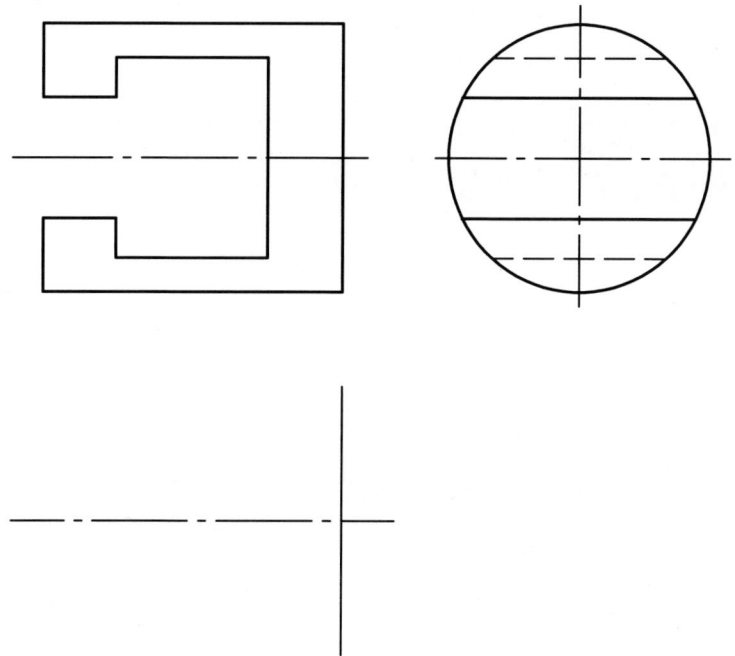

3-14 完成被截切圆锥的水平投影和侧面投影。

(1)

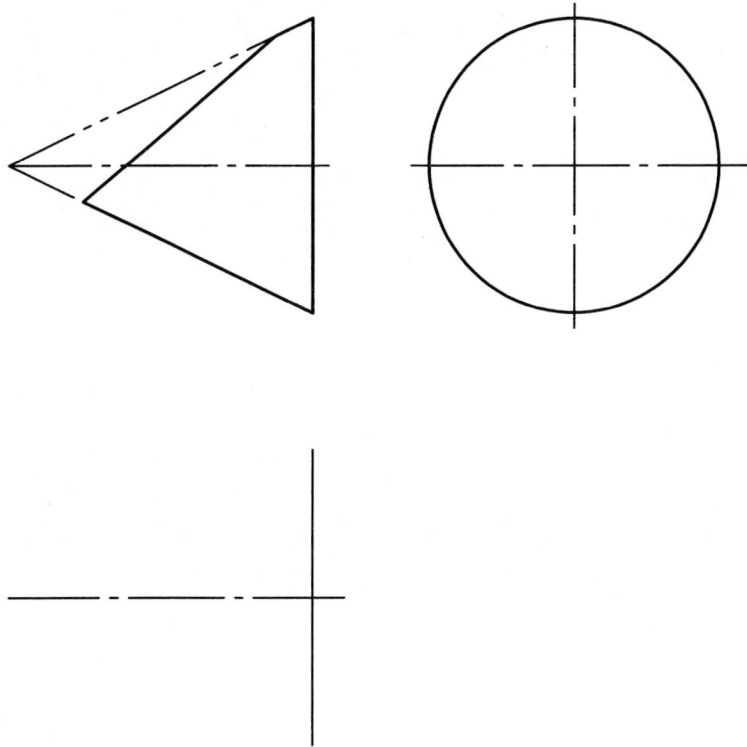

(2)

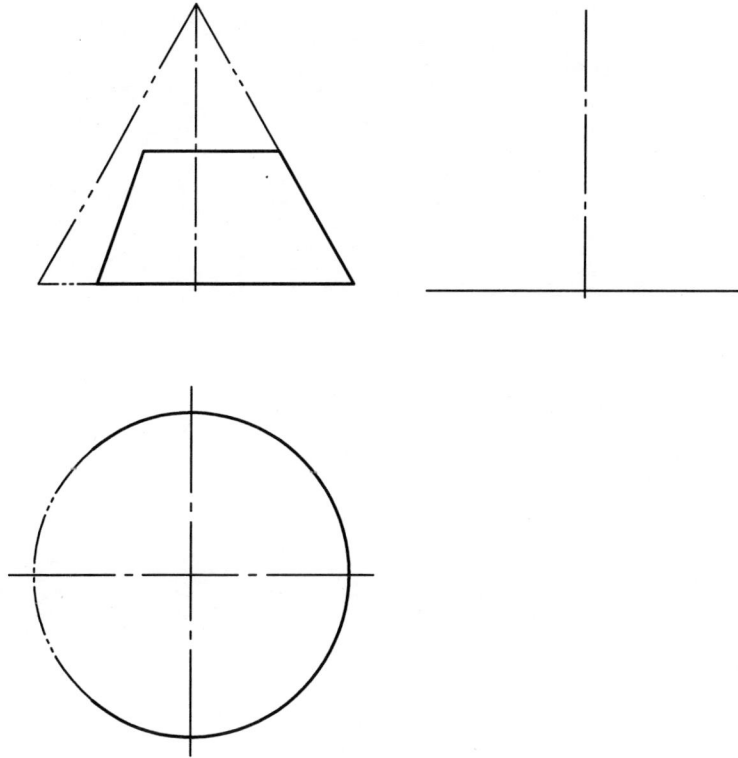

3-15　完成缺口圆台的水平投影和侧面投影。

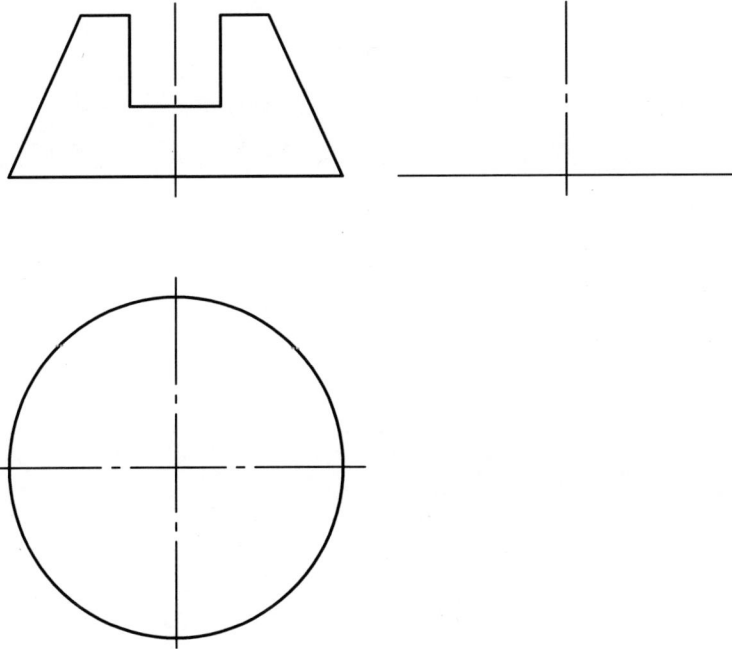

3-16　完成缺口圆锥的水平投影和侧面投影。

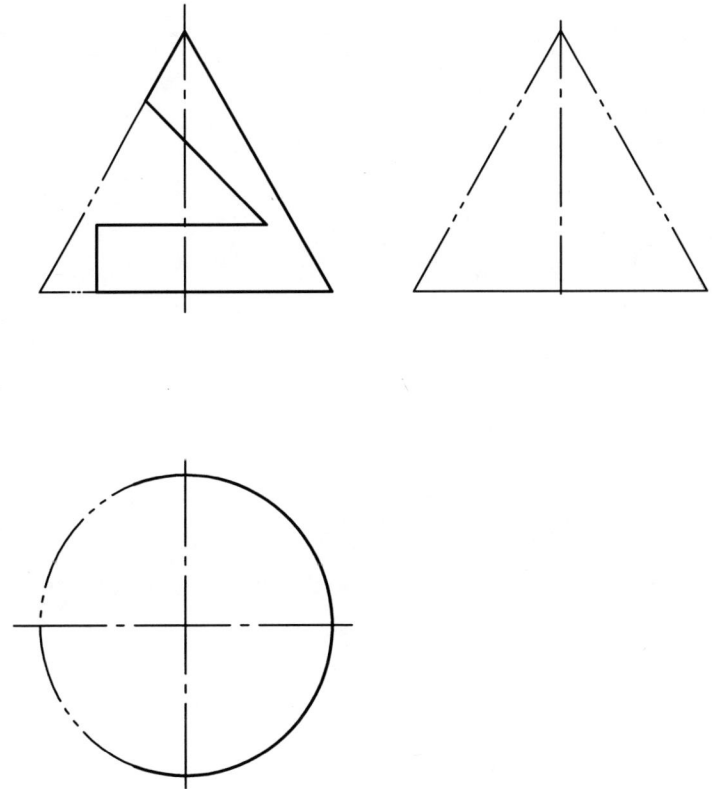

3-17　完成缺口半圆球的水平投影和侧面投影。

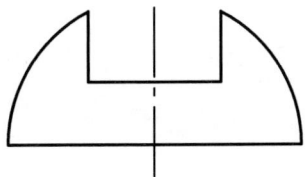

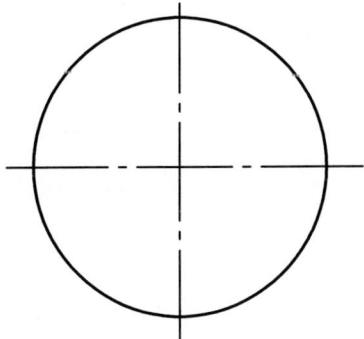

3-18　完成缺口圆球的水平投影和侧面投影。

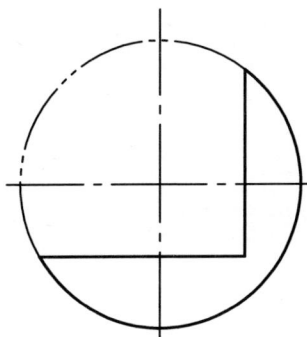

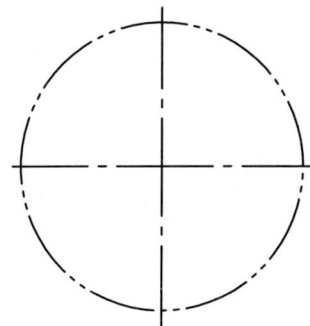

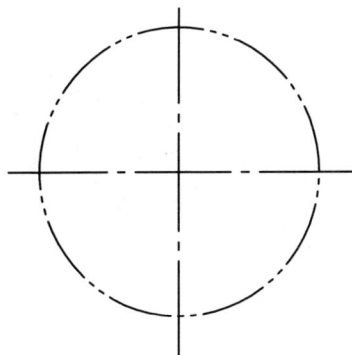

3-19　根据立体的两个视图，补画第三视图，并补全立体表面上各点的其余两面投影。

(1)

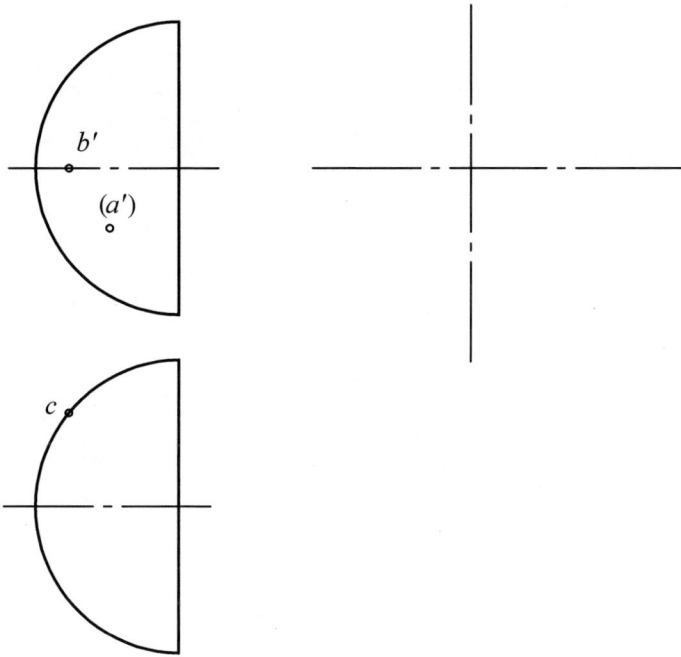

(2)

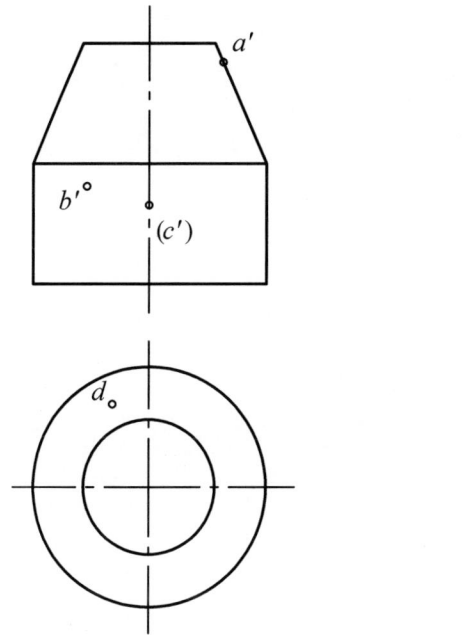

3-20 完成被切复合体的正面投影。	3-21 完成被切复合体的水平投影。

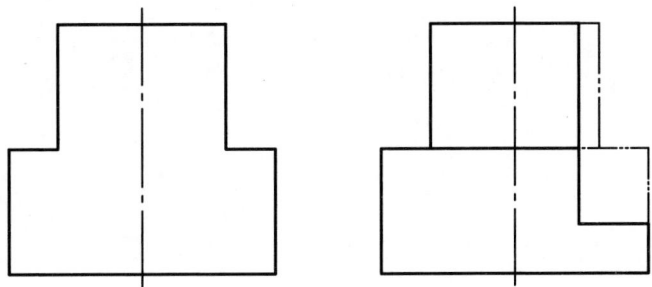

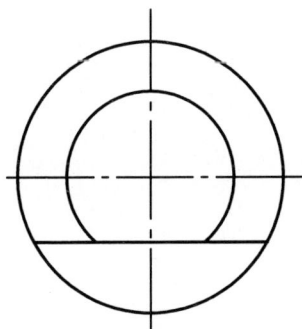

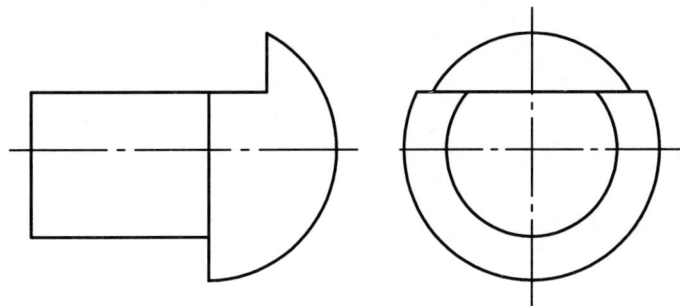

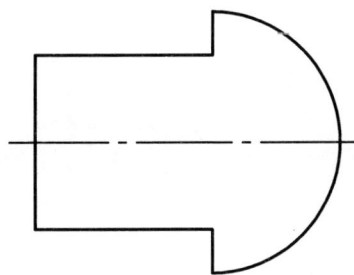

3-22 完成顶针尖的水平投影。

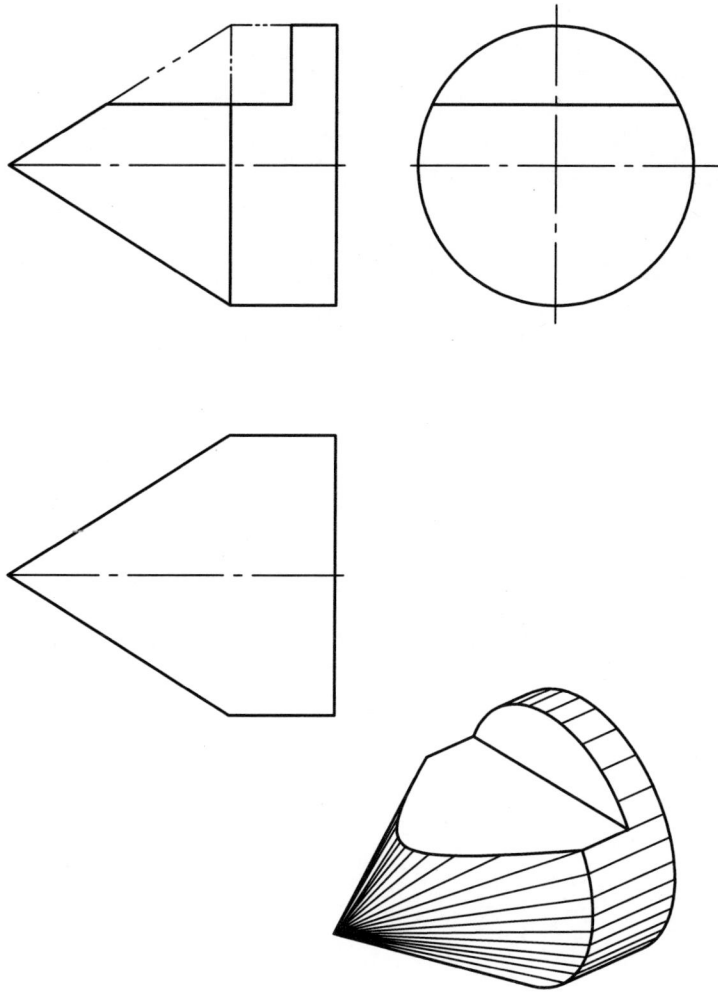

3-23 完成被切复合体的侧面投影。

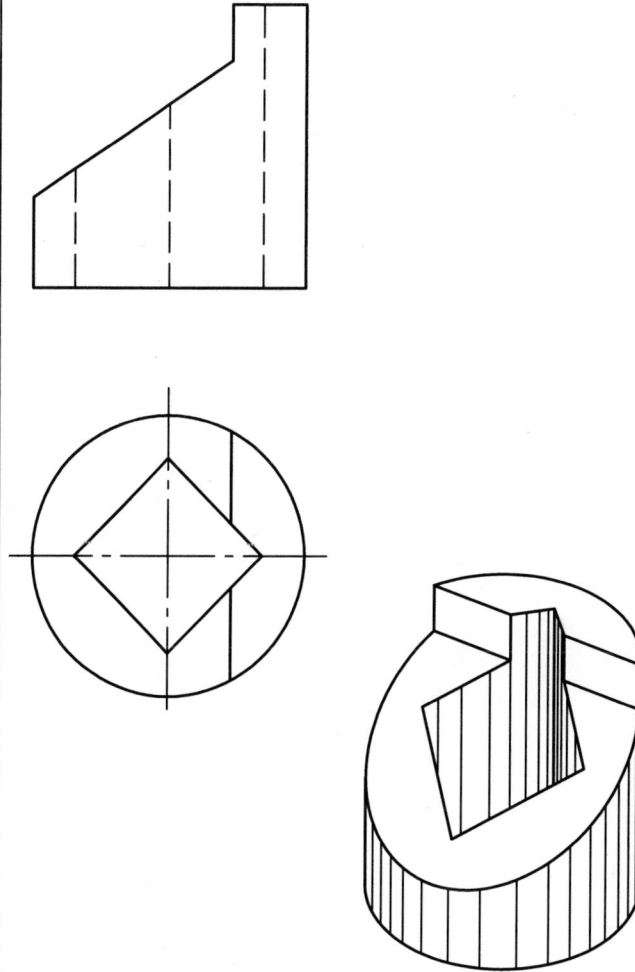

31

4-1 根据立体图编号，在下列给定的主视图、俯视图和左视图的括号中填入相应的字母。

(1) 主视图

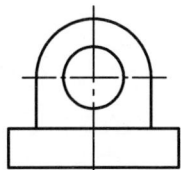 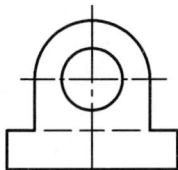 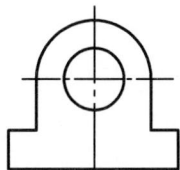

（　） （　） （　）

左视图

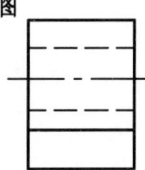 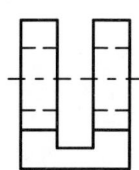 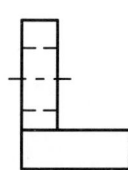

（　） （　） （　）

俯视图

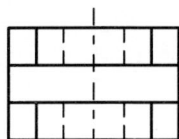 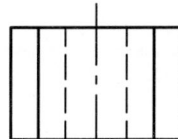 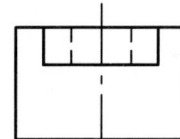

（　） （　） （　）

立体图

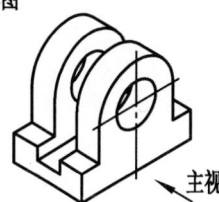 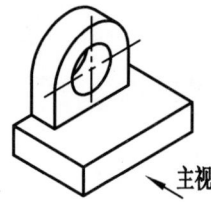 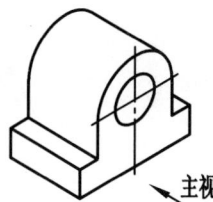

主视 主视 主视

(a) (b) (c)

(2) 主视图

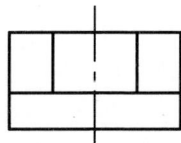 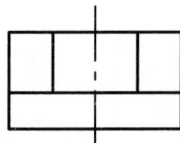 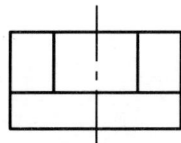

（　） （　） （　）

左视图

（　） （　） （　）

俯视图

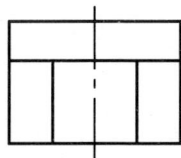 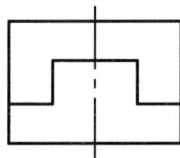 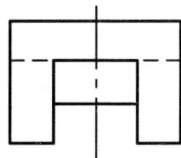

（　） （　） （　）

立体图

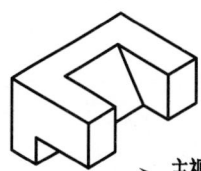 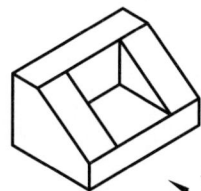 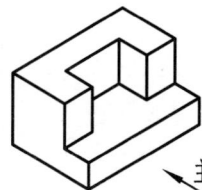

主视 主视 主视

(a) (b) (c)

4-2　根据物体的主视图和俯视图，选择正确的左视图，并将答案填在横线上。

(1)

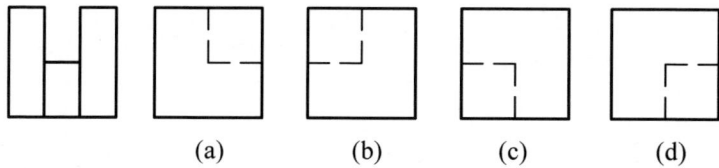

(a)　　　　(b)　　　　(c)　　　　(d)

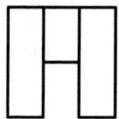

＿＿＿＿＿

(2)

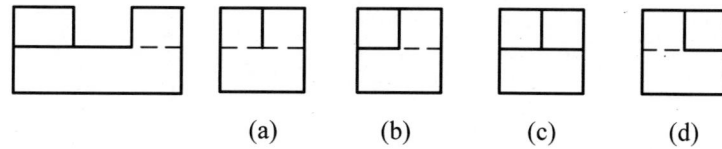

(a)　　　　(b)　　　　(c)　　　　(d)

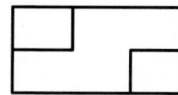

＿＿＿＿＿

(3)

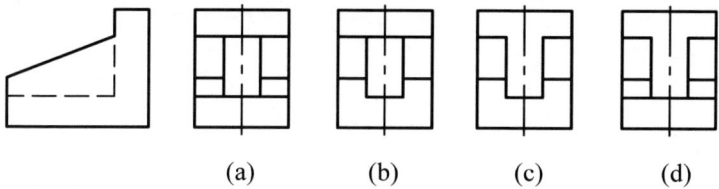

(a)　　　　(b)　　　　(c)　　　　(d)

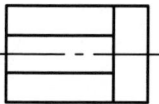

＿＿＿＿＿

(4)

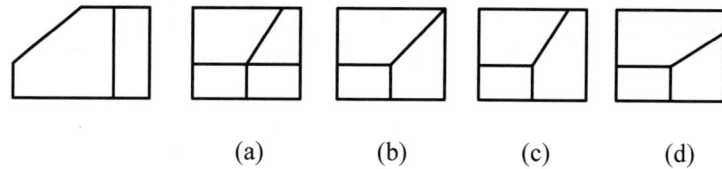

(a)　　　　(b)　　　　(c)　　　　(d)

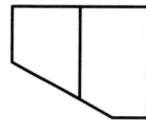

＿＿＿＿＿

4-3 补画主视图中缺漏的图线。

(1)
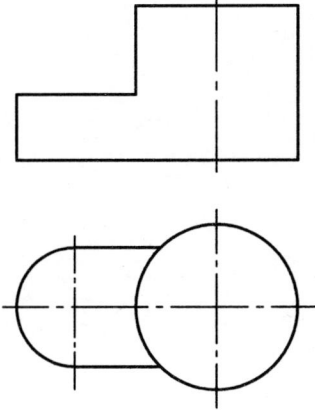

(2)
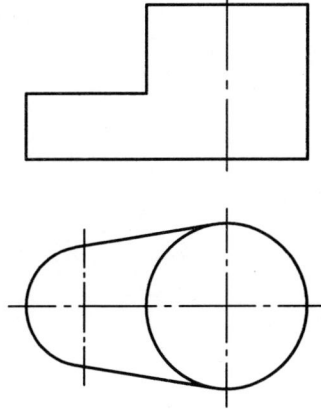

(3)
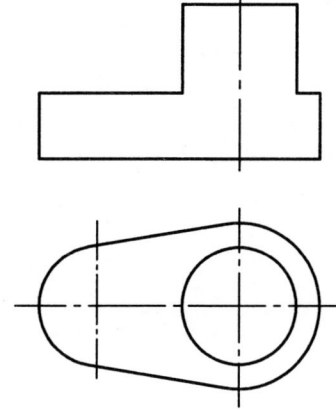

(4)
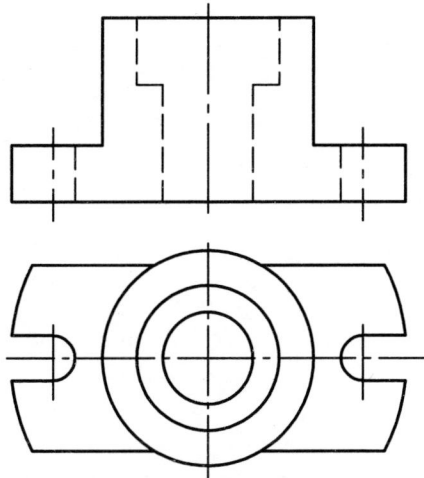

(5)
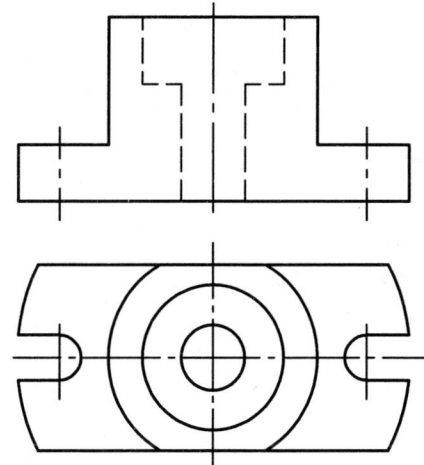

4-4 看懂物体的俯、左视图，选择正确的主视图，并将答案填在横线上。

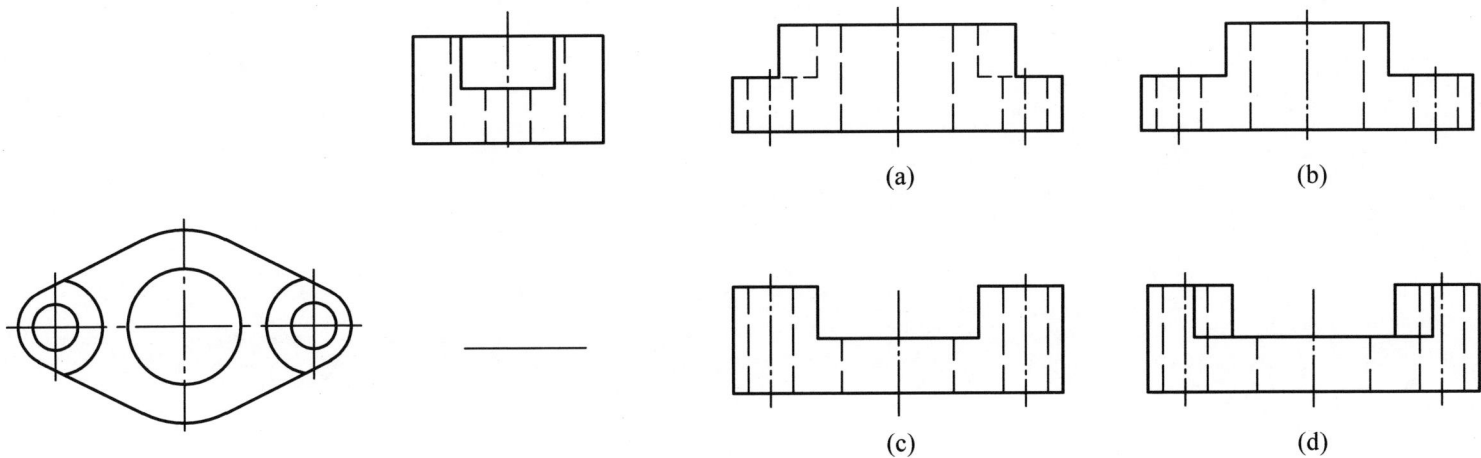

(a)

(b)

———

(c)

(d)

4-5 看懂物体的主、左视图，选择正确的俯视图，并将答案填在横线上。

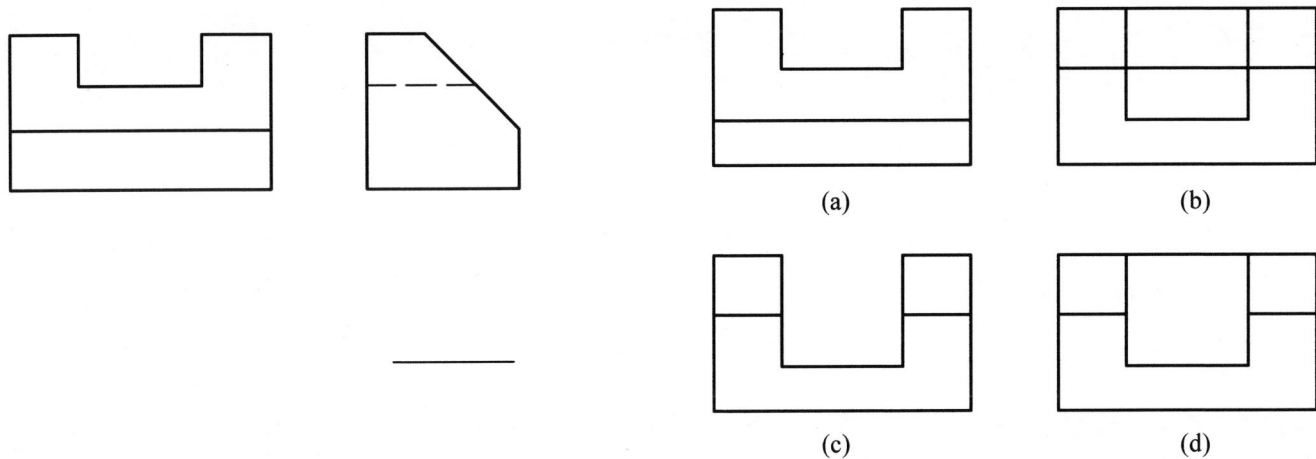

(a)

(b)

———

(c)

(d)

4-6 补画下列图中相贯线的投影，并将（1）与（2）、（3）与（4）作比较。

(1)

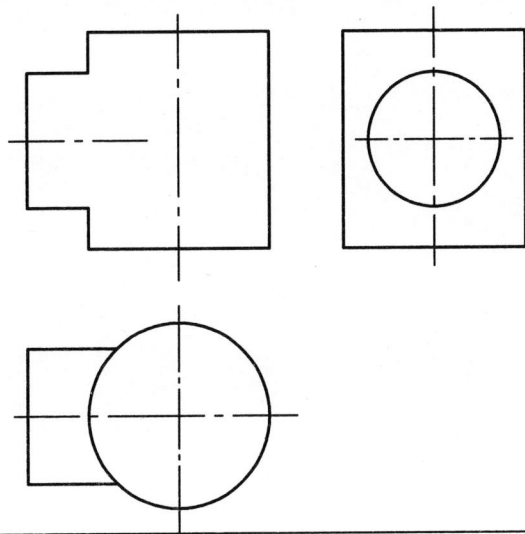

(2)

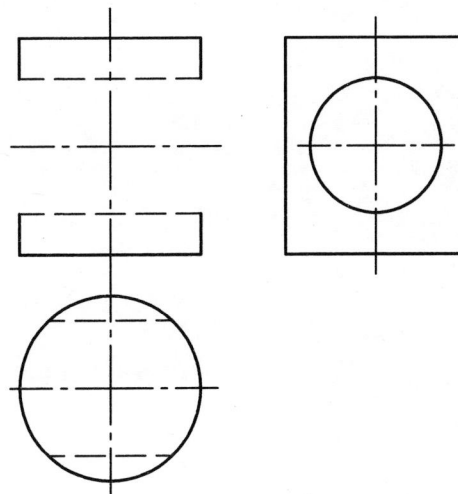

(3)

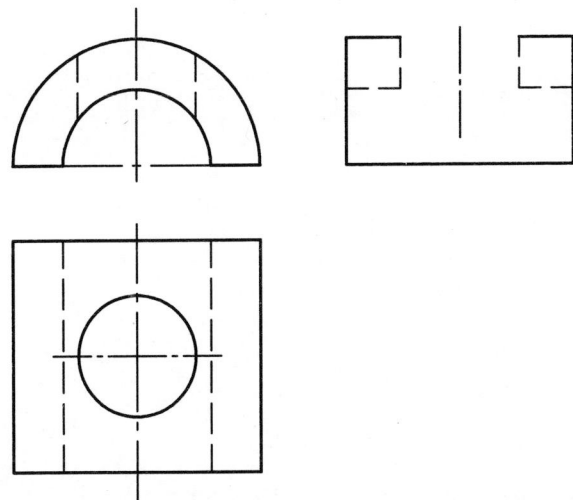

(4)

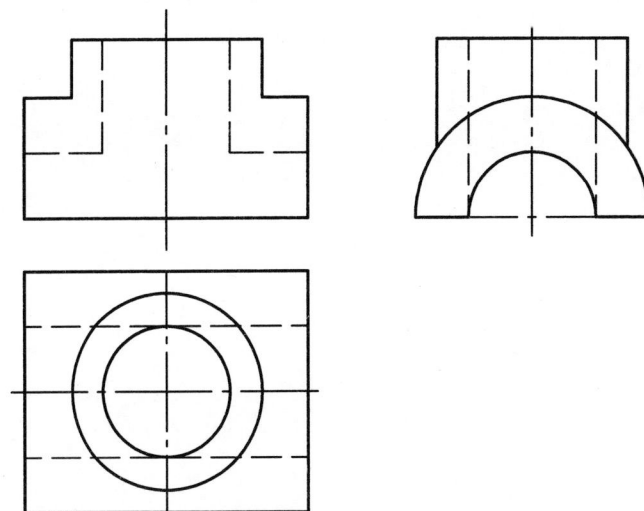

4-7　补全下列图中相贯线的投影。

(1)

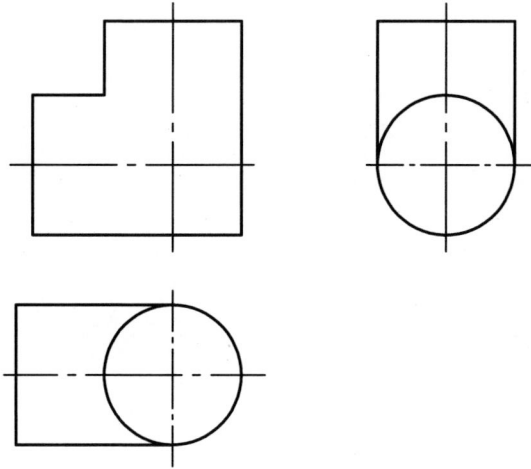

(2)

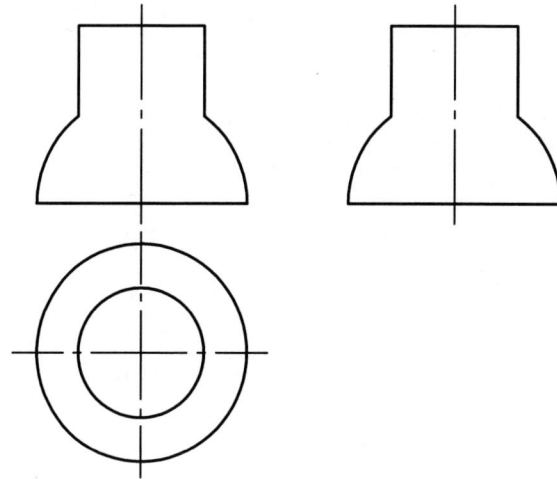

| 4-8　画出两相交圆筒的主视图。 | 4-9　画出穿孔圆筒的俯视图。 |

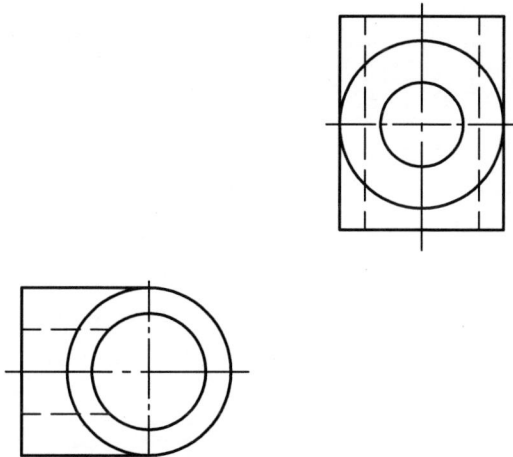

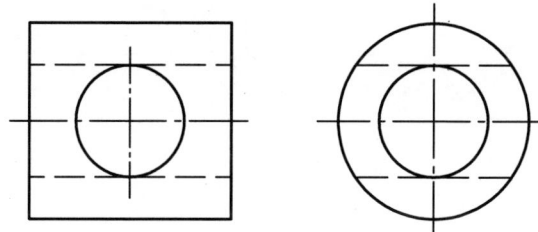

4-10 对照立体图，补全主视图中缺漏的图线。

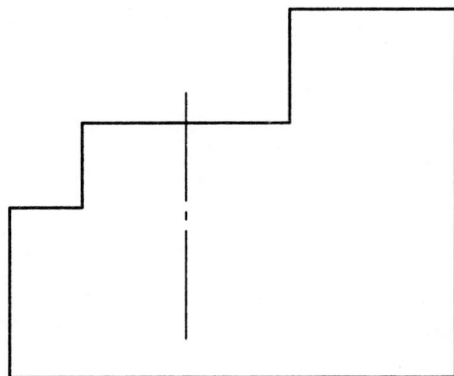

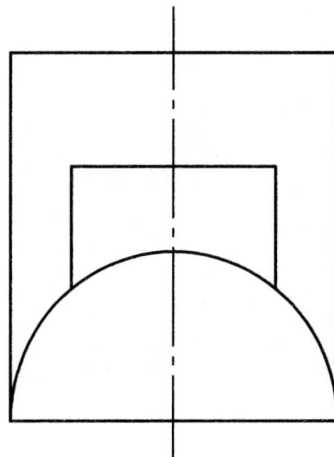

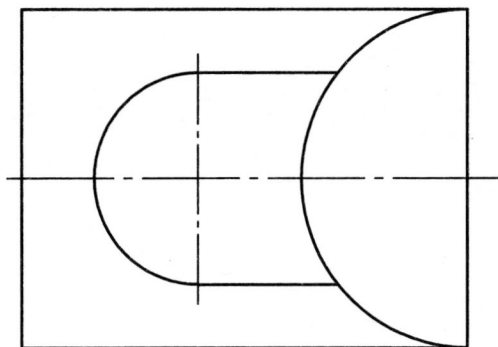

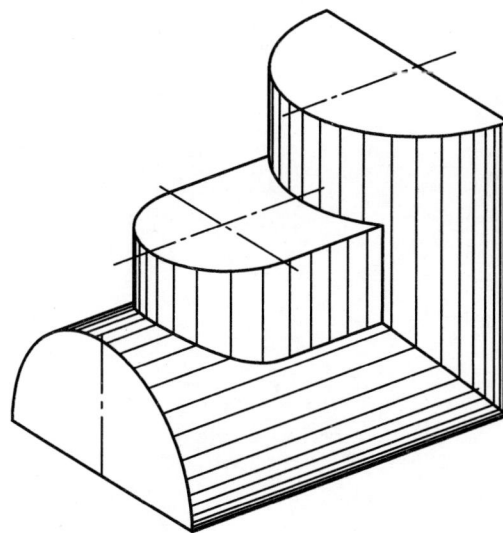

| 4-11　完成切槽圆筒的左视图。 | 4-12　补全主视图中的相贯线。 |

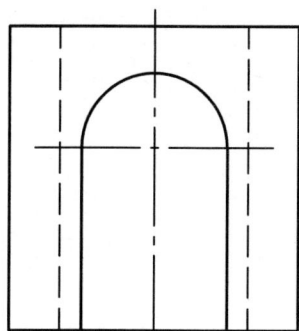

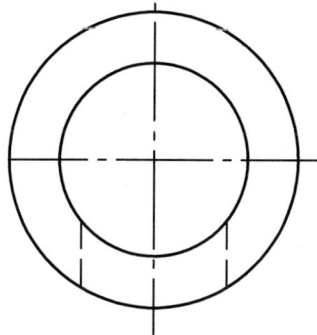

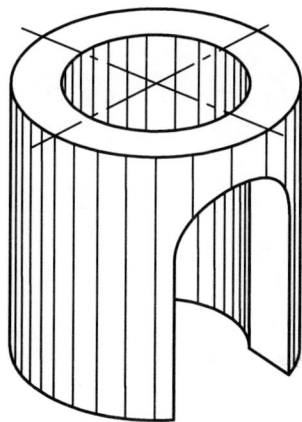

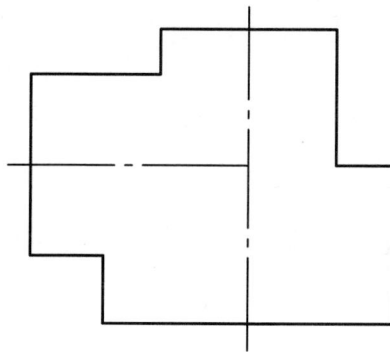

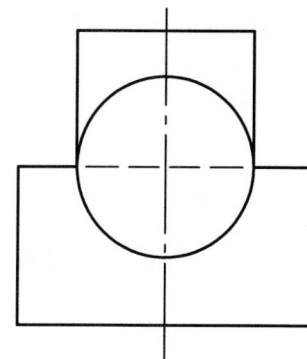

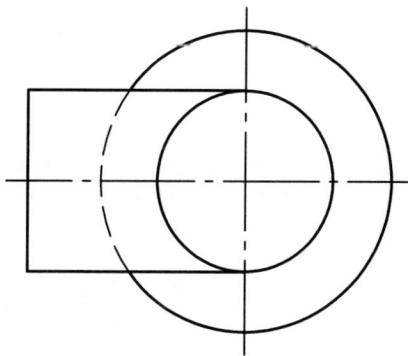

4-13 根据立体图按1∶1的比例画出物体的三视图（以箭头方向为主视方向），并标注尺寸(在A3图纸上应采用2∶1的比例绘制)。

(1)

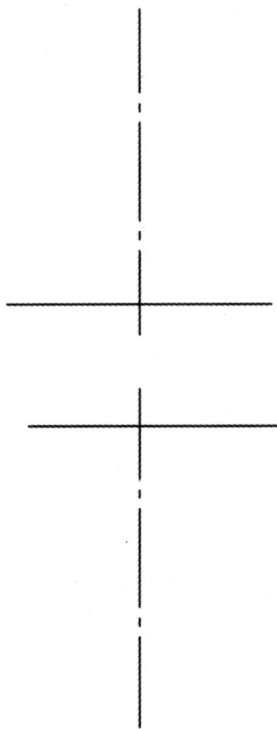

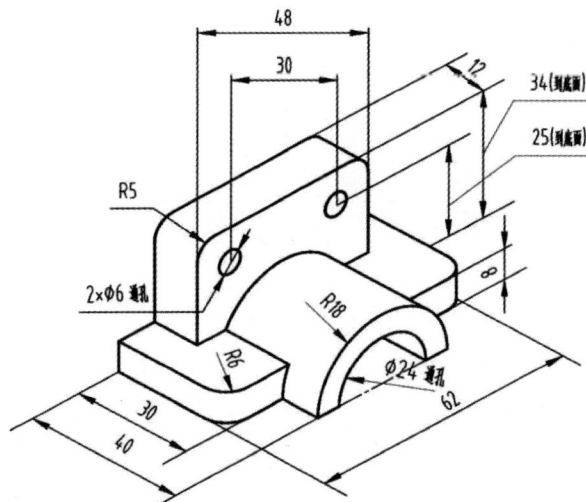

主视方向

(2)

主视方向

4-14 看懂给定物体的两个视图，画出第三视图。

(1)

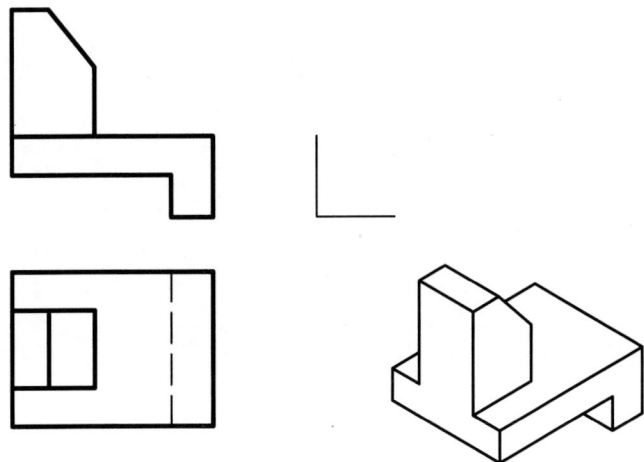

(2)

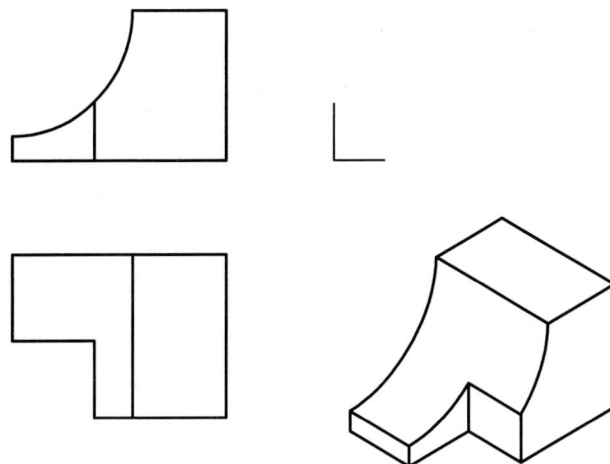

4-15 看懂物体的两个视图，结合形体分析法和线面分析法画出第三视图，并将（1）、（2）作比较。

(1)

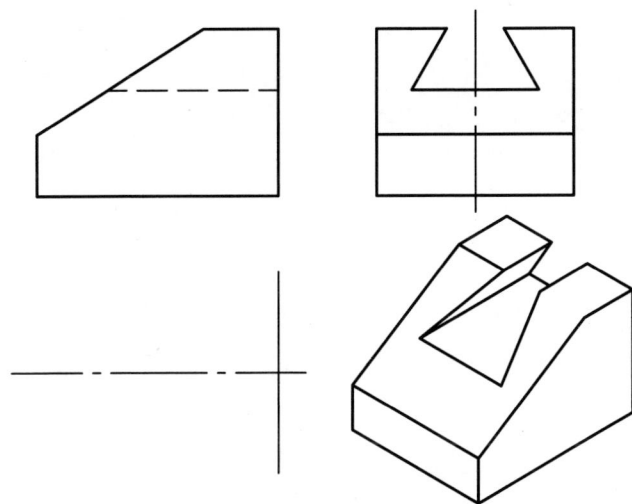

(2)

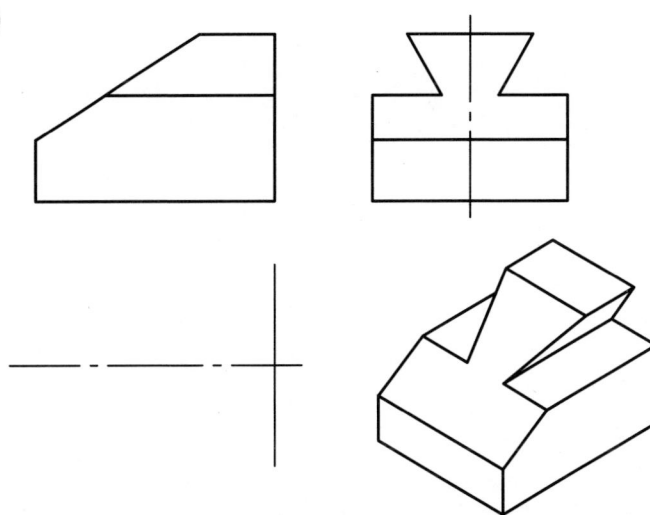

4-16　看懂物体的两个视图，构想空间形体，画出第三视图。

(1)

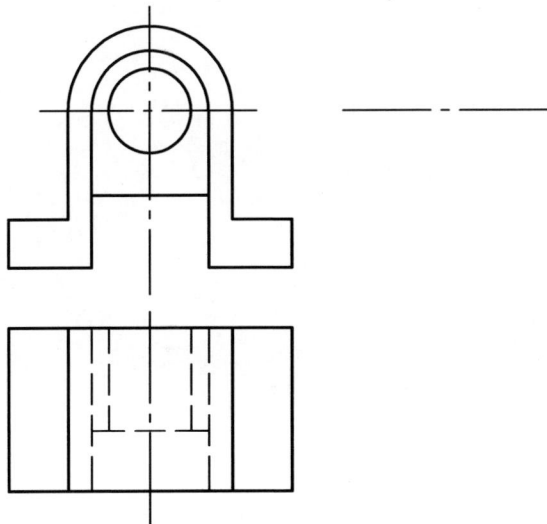

(2)

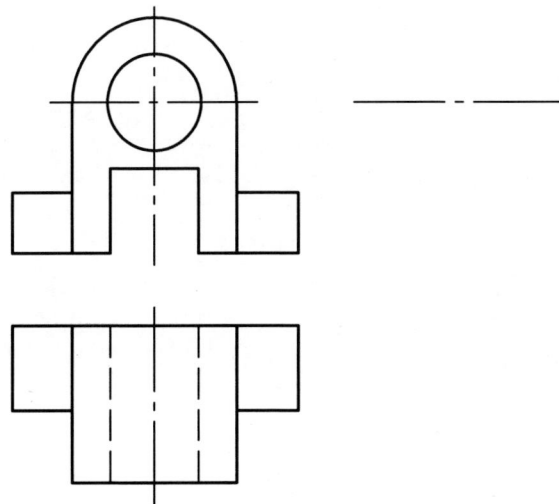

(3)

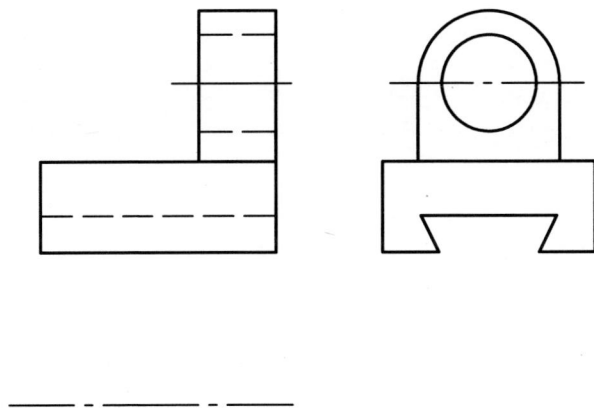

(4)

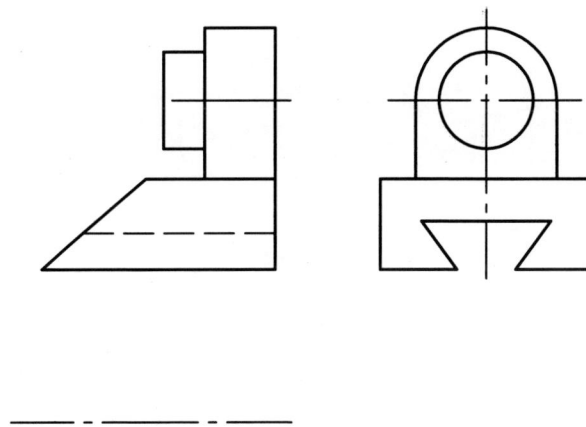

4-17　已知物体的主、俯视图，求作左视图。

(1)

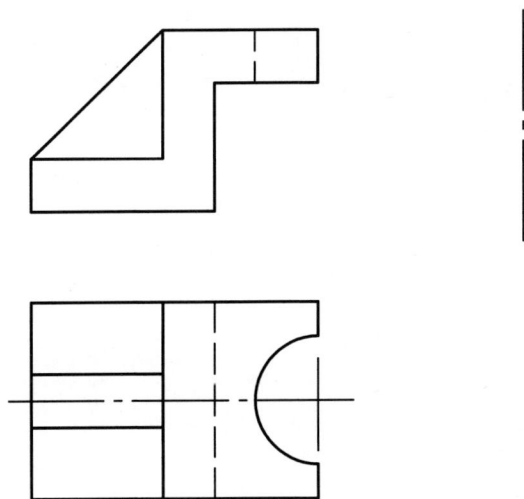

(2)

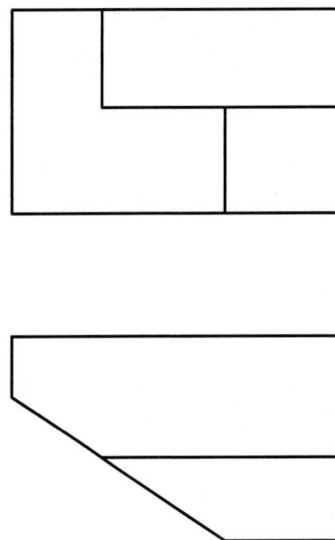

4-18　看懂物体的两个视图，画出第三视图。

(1)

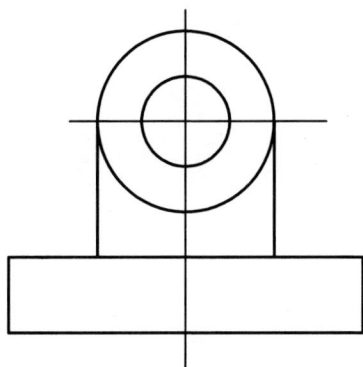

(2)

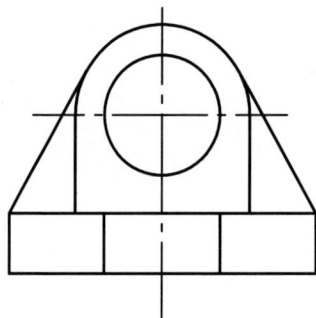

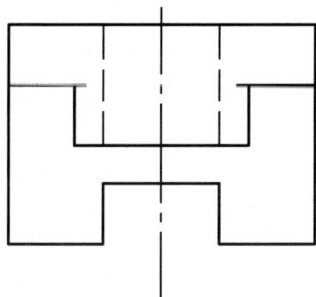

4-19 看懂物体的两个视图，画出第三视图。

(1)

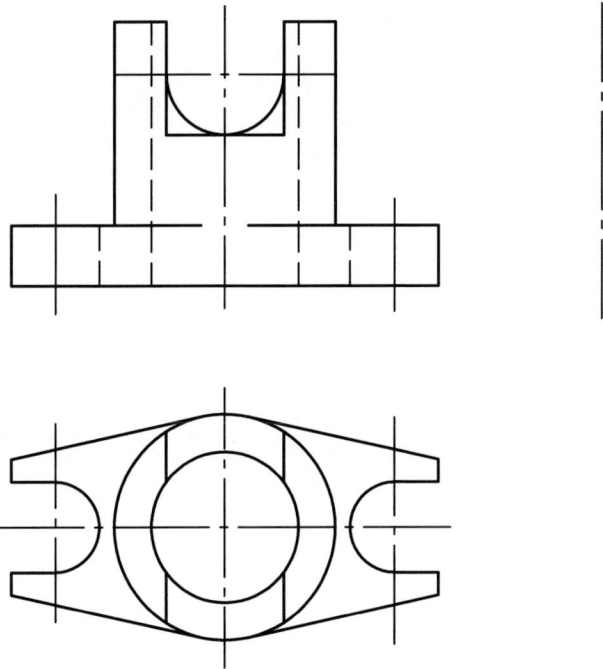

(2)

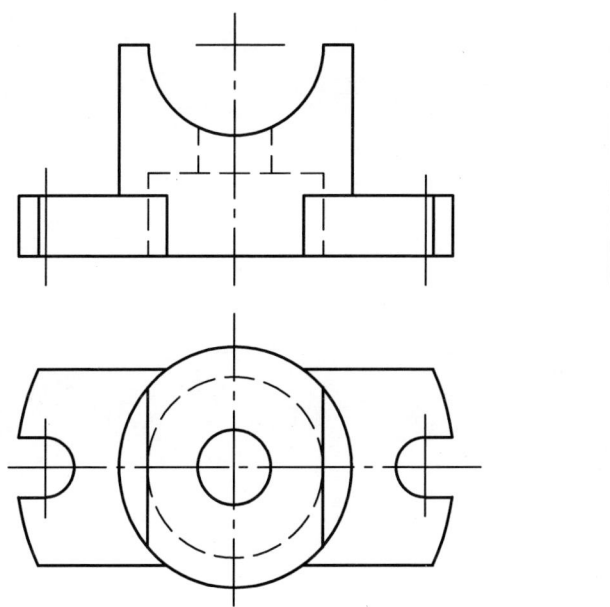

4-20 标注下列各形体的尺寸（尺寸数值按1:1的比例从图中量取并取整）。

(1)
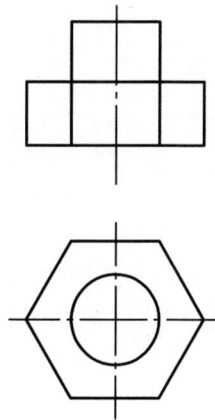

(2)
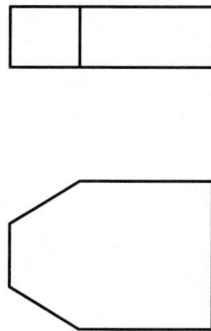

(3)
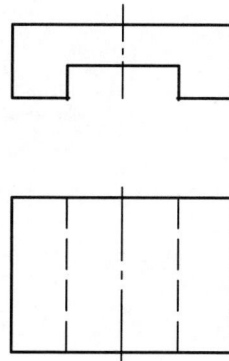

(4)
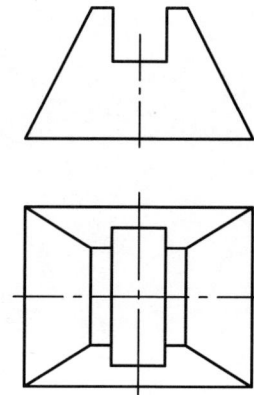

(5)
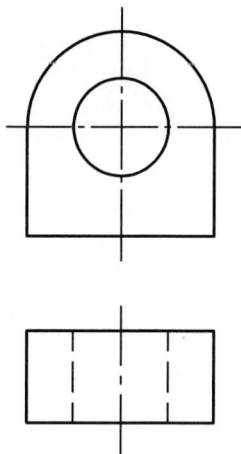

(6)
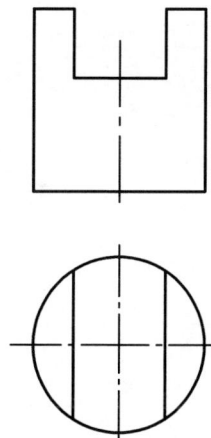

(7)
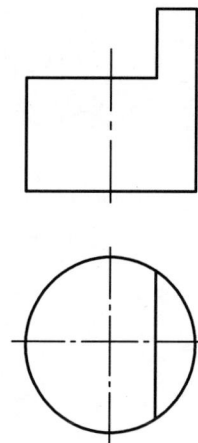

(8)
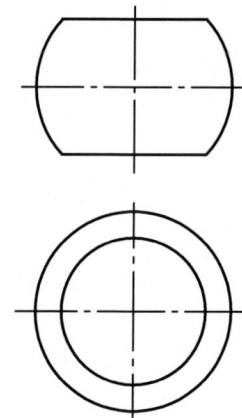

47

4-21　标注下列物体的尺寸（尺寸数值按1∶1的比例从图中量取并取整）。

(1)

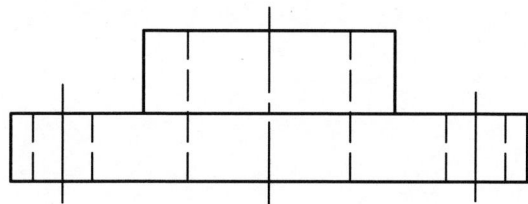

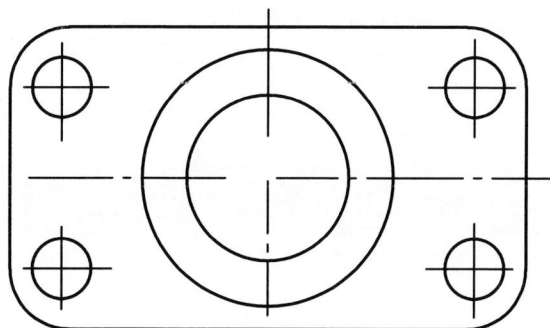

(2)

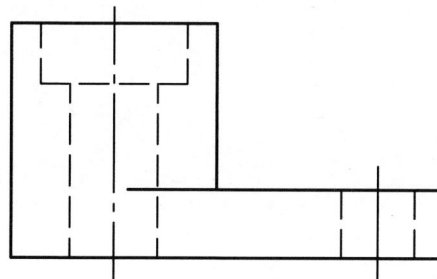

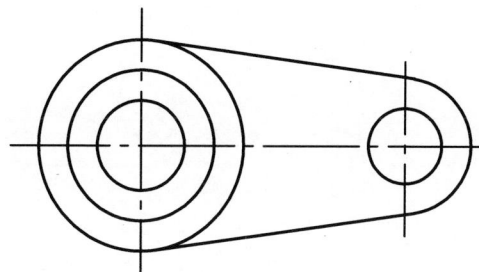

4-22　看懂物体视图，并标注尺寸。

(1)

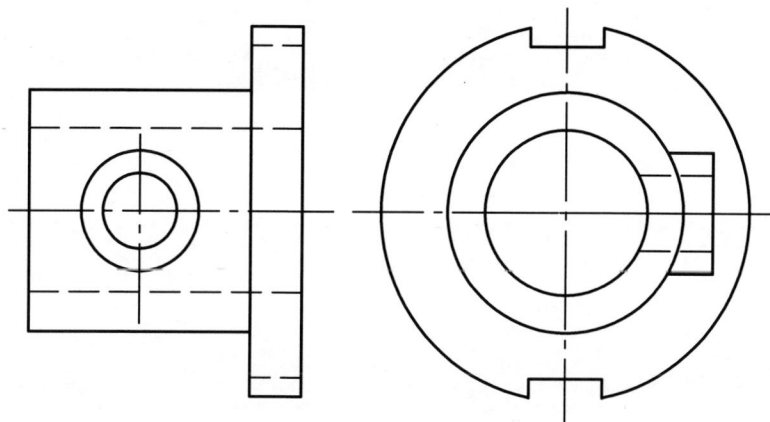

(2)

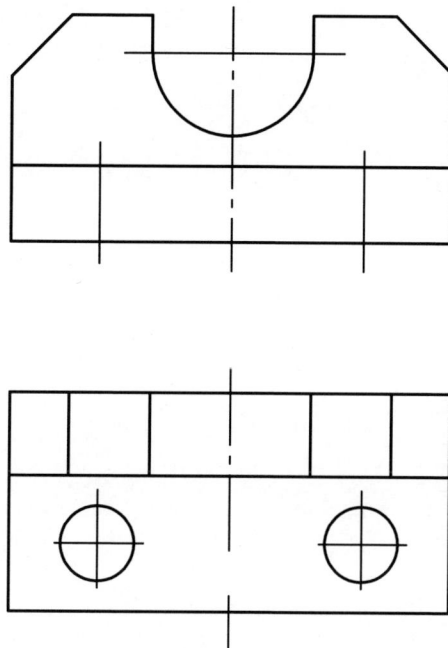

4-23 已知物体的主、俯视图，求作左视图。

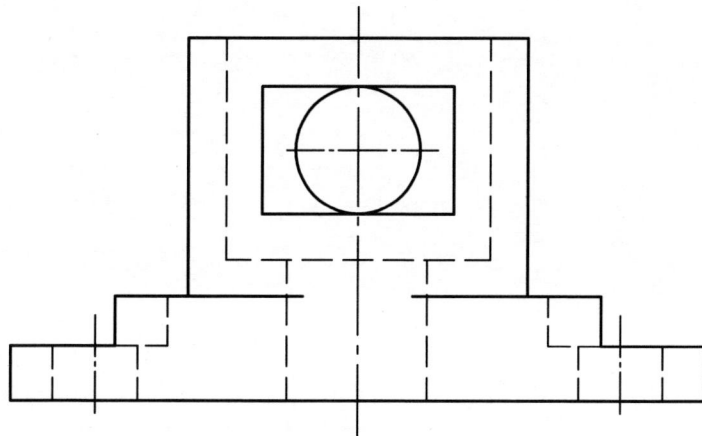

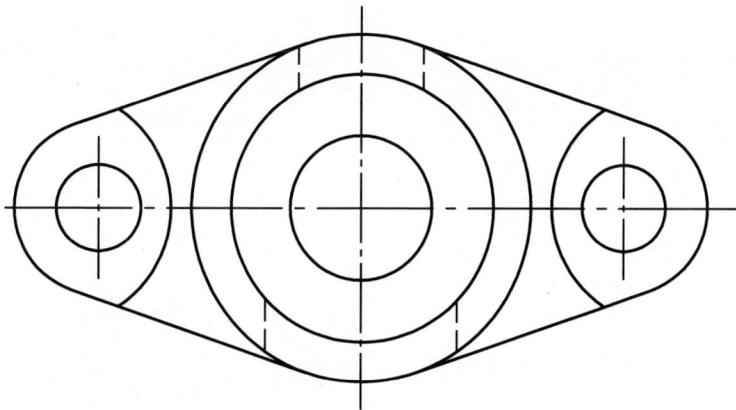

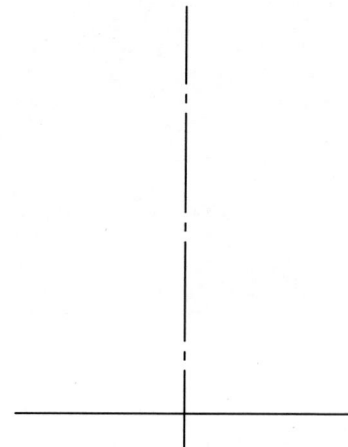

4-24 看懂物体的主、俯视图，画出左视图，并标注尺寸。

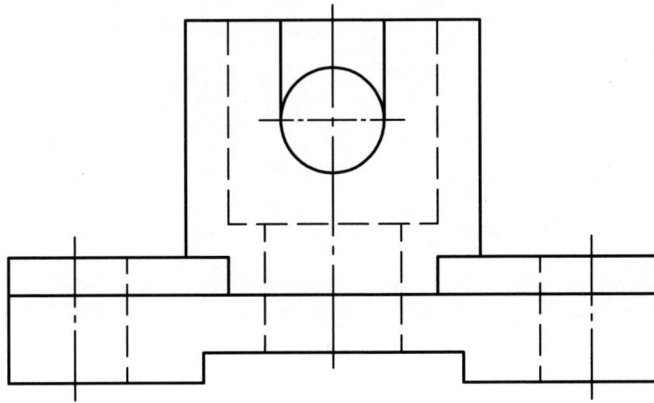

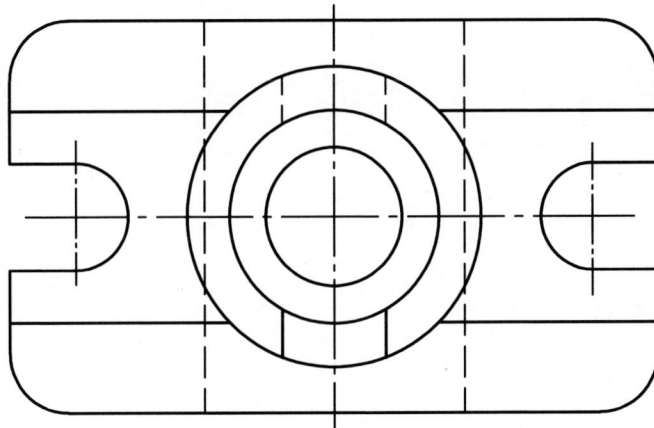

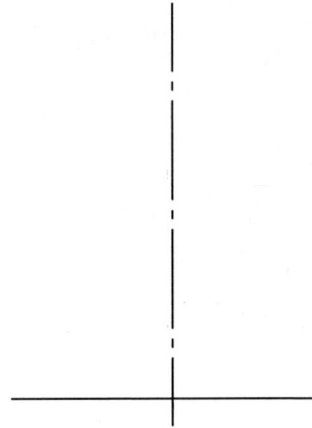

5-1 已知物体的视图，用简化伸缩系数绘制其正等轴测图。

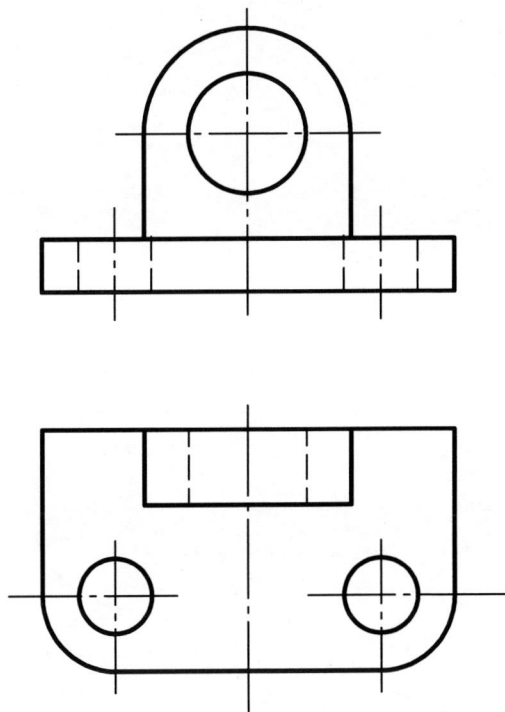

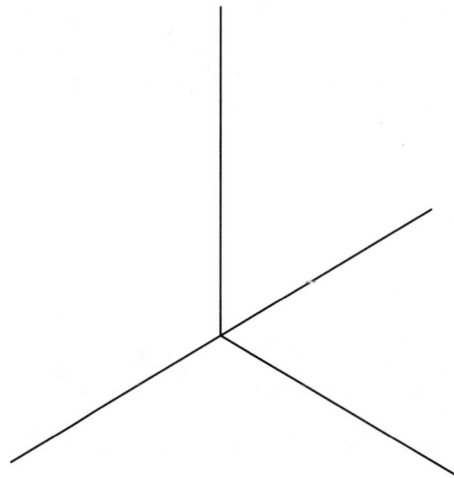

5-2　已知物体的视图，用简化伸缩系数绘制其正等轴测图。

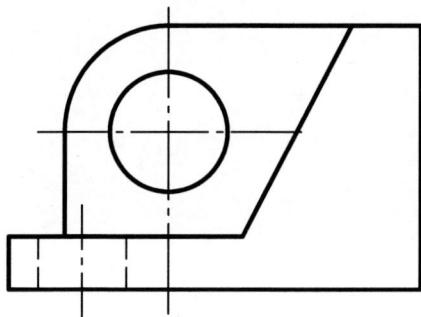

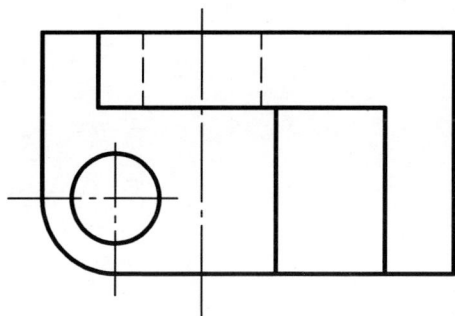

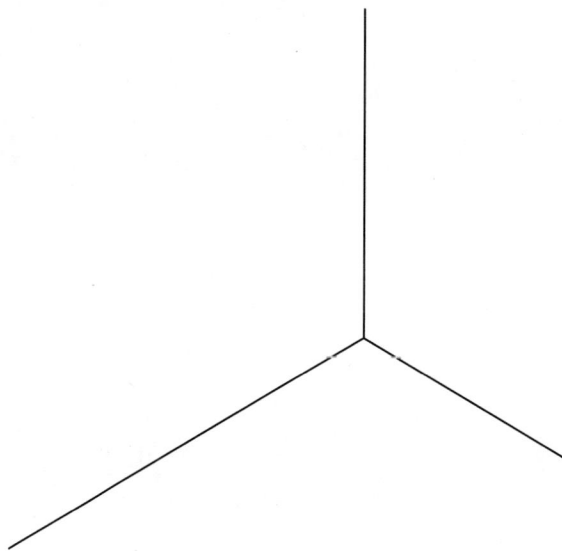

5-3 已知物体的视图，绘制其斜二轴测图。

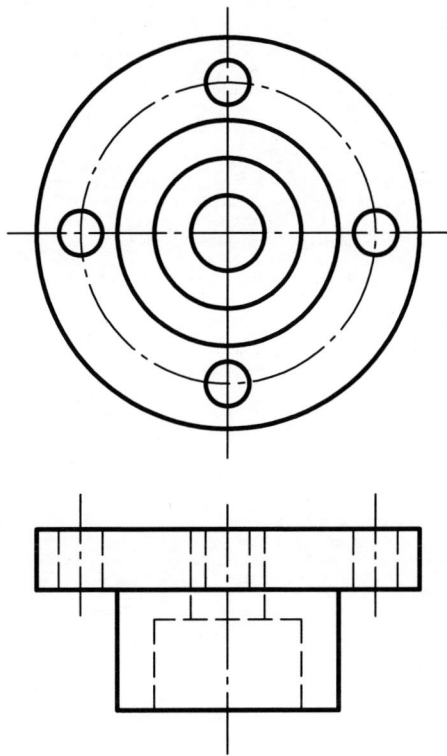

5-4　已知物体的视图，绘制其斜二轴测图。

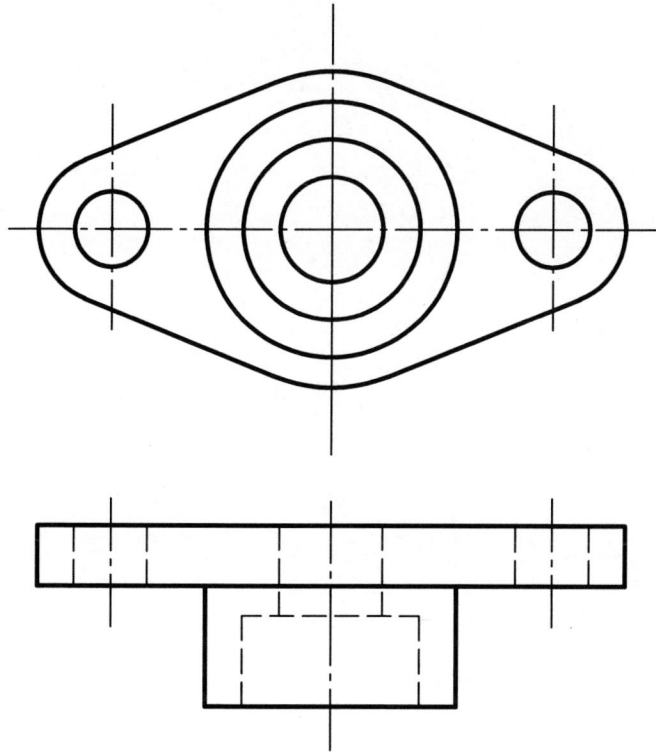

5-5　已知物体的视图，徒手绘制其正等轴测图。

（1）

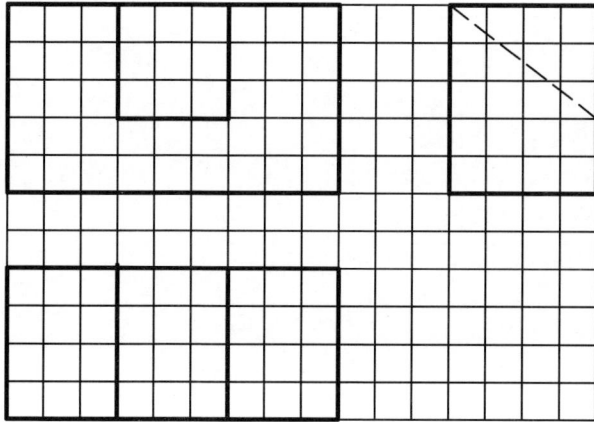

（2）

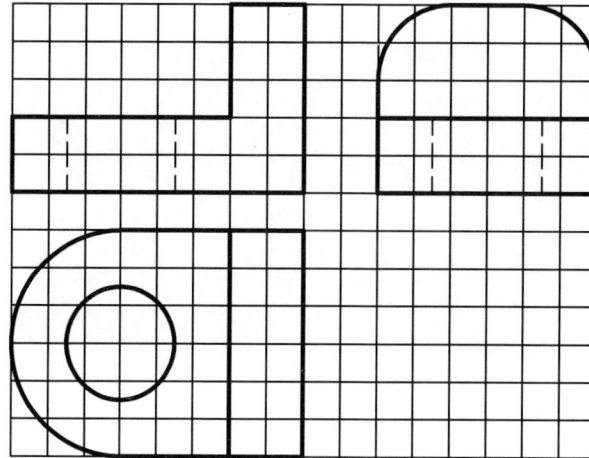

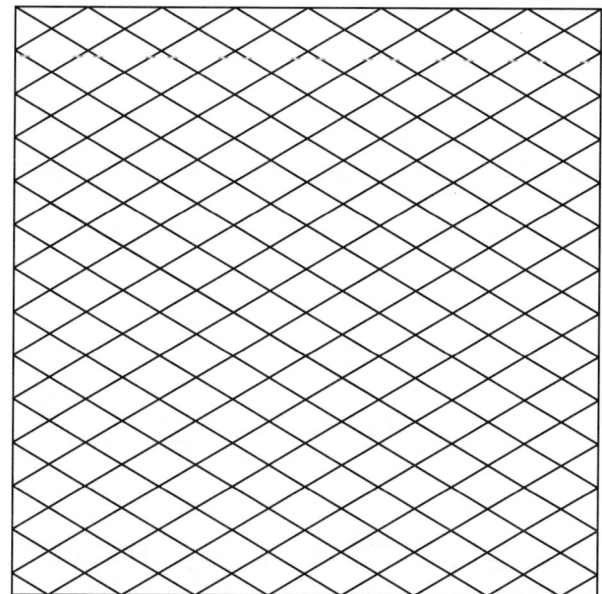

6-1 对照立体图，按立体图箭头所指的方向画出局部视图和斜视图（按立体图上所注的尺寸1∶1的比例作图）。

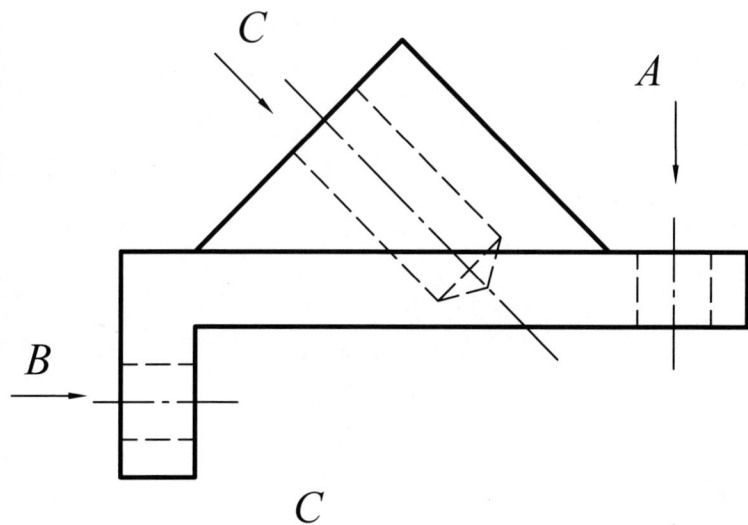

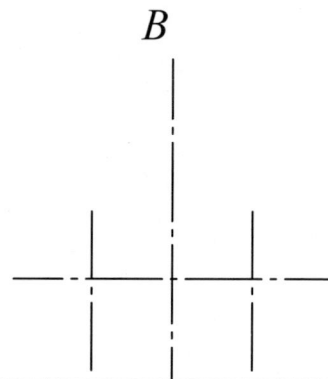

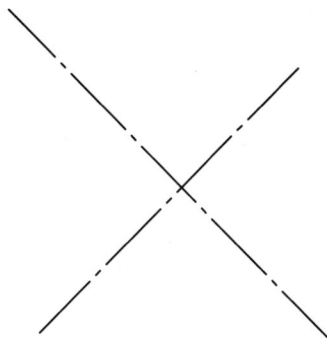

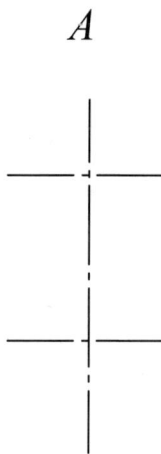

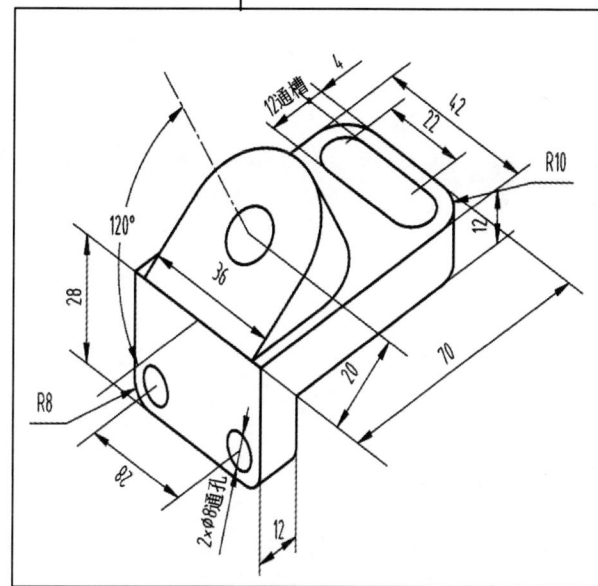

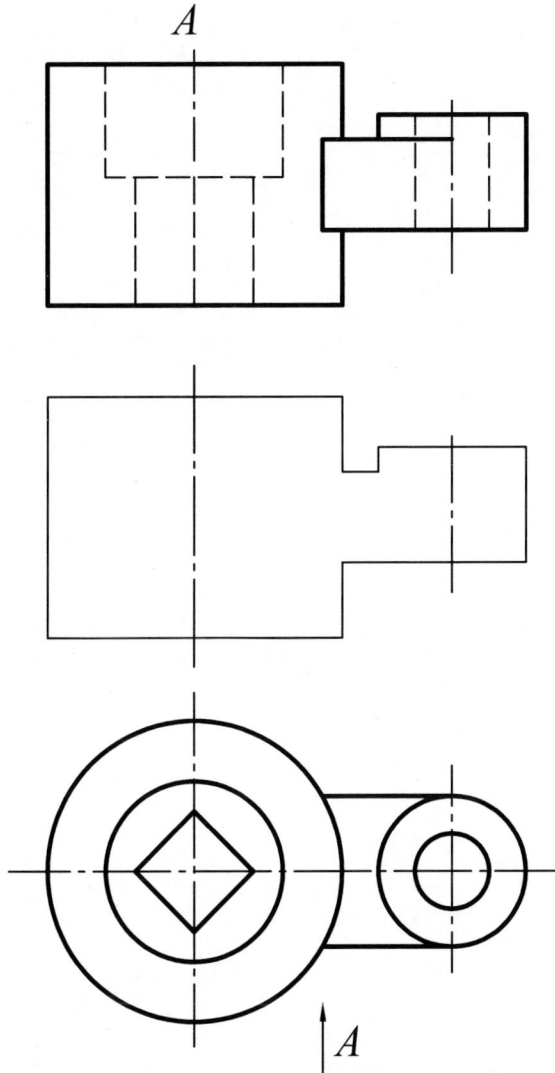

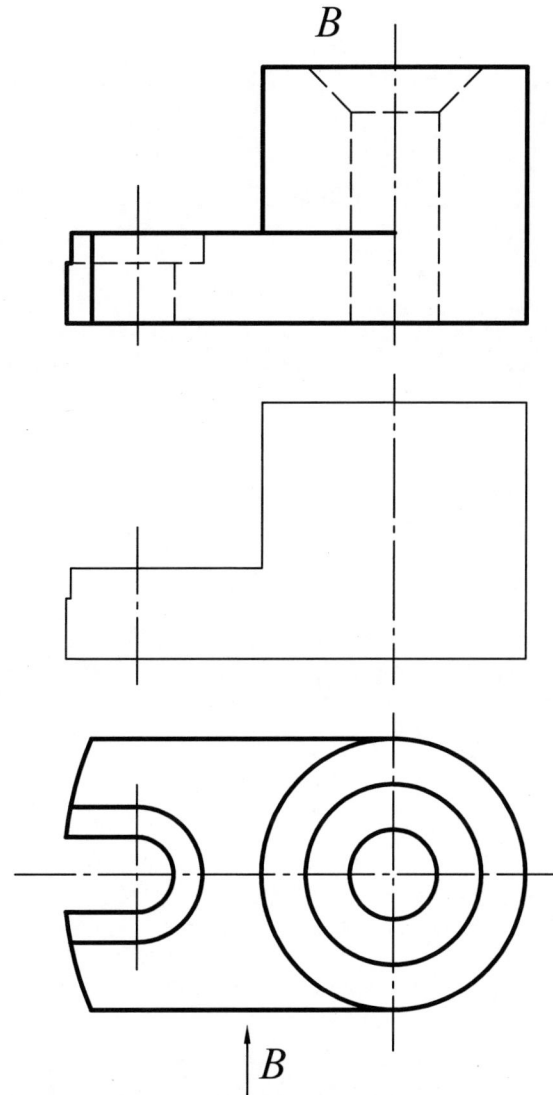

6-2　在指定位置将主视图改画成全剖视图。

(1)

A

(2)

B

A

B

58

6-3 将主视图在指定位置改画成全剖视图。

(1)

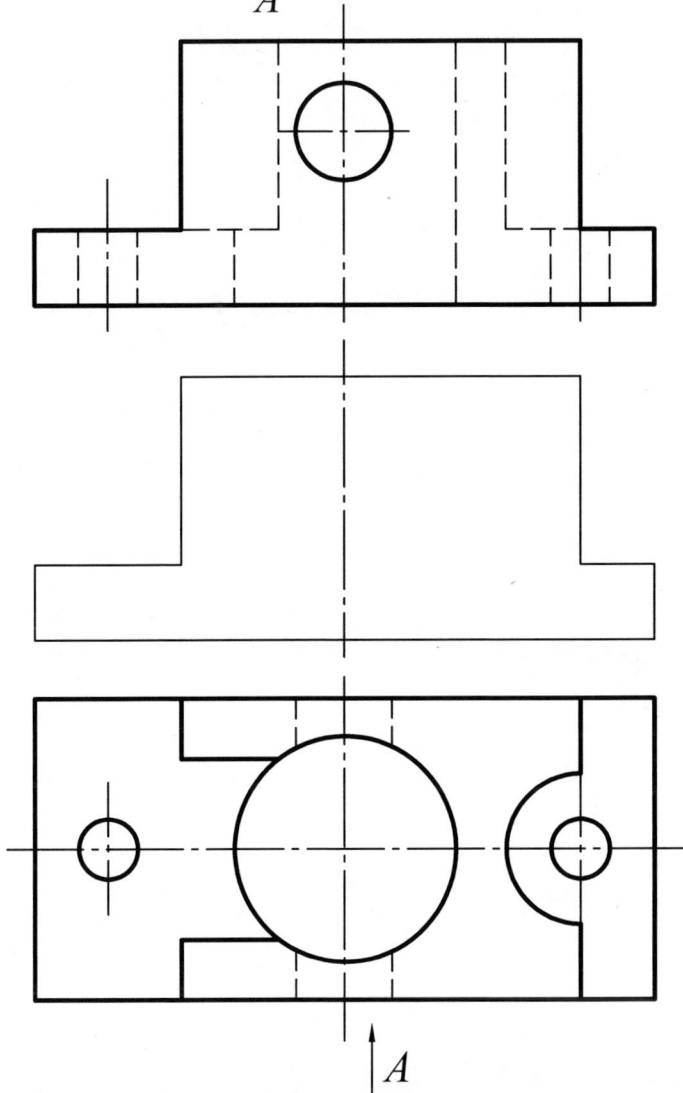

(2)

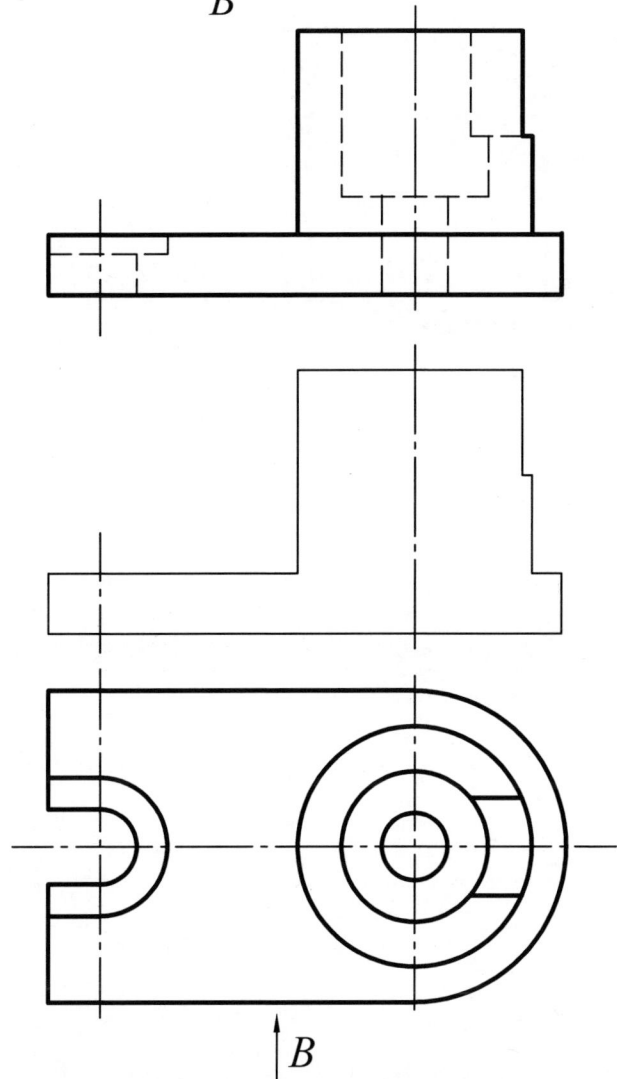

6-4　补全下列各组剖视图中漏画的图线。

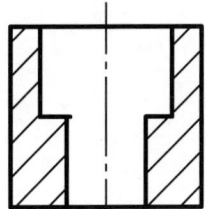

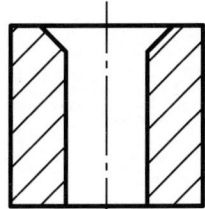

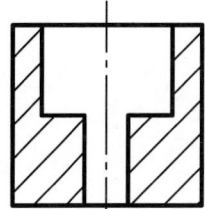

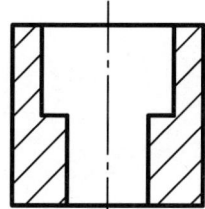

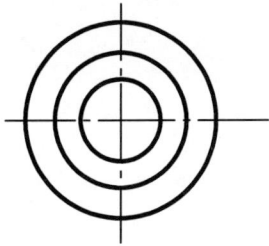

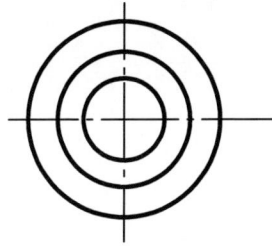

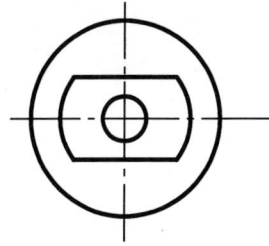

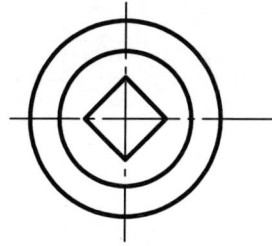

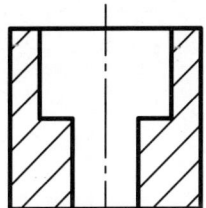

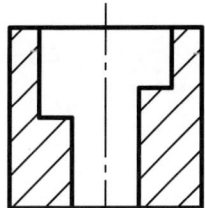

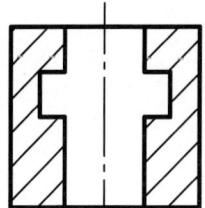

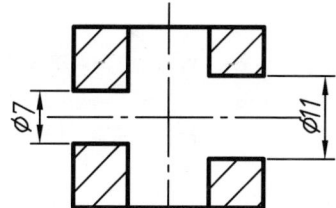

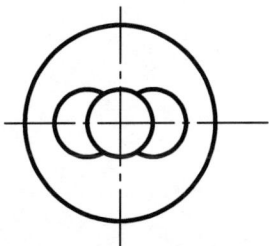

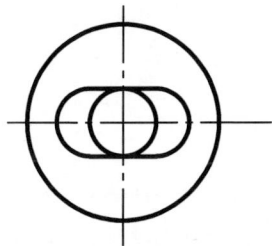

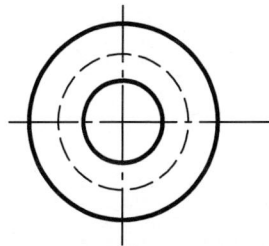

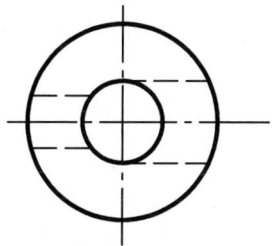

6-5 补全下列两组视图中主视图漏画的图线。

(1)

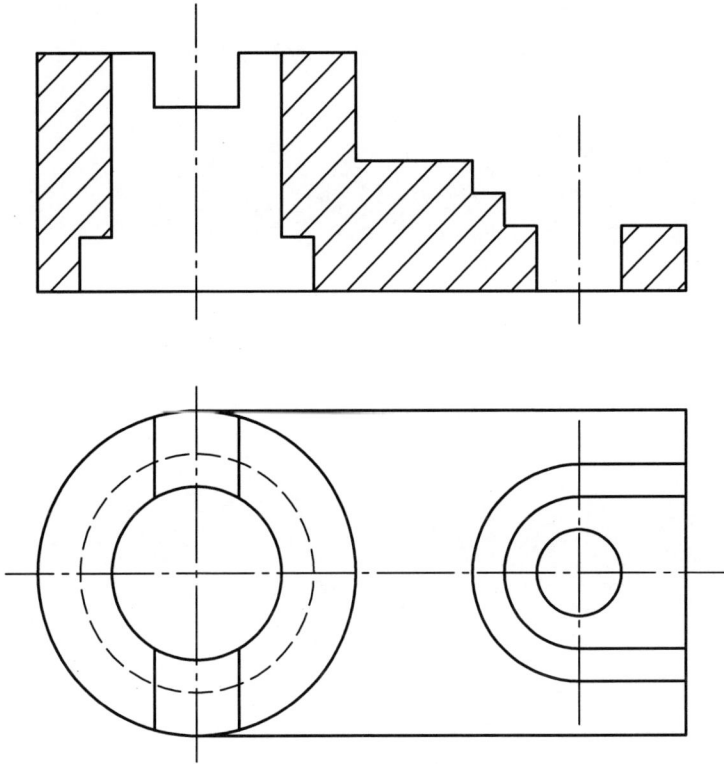

(2)

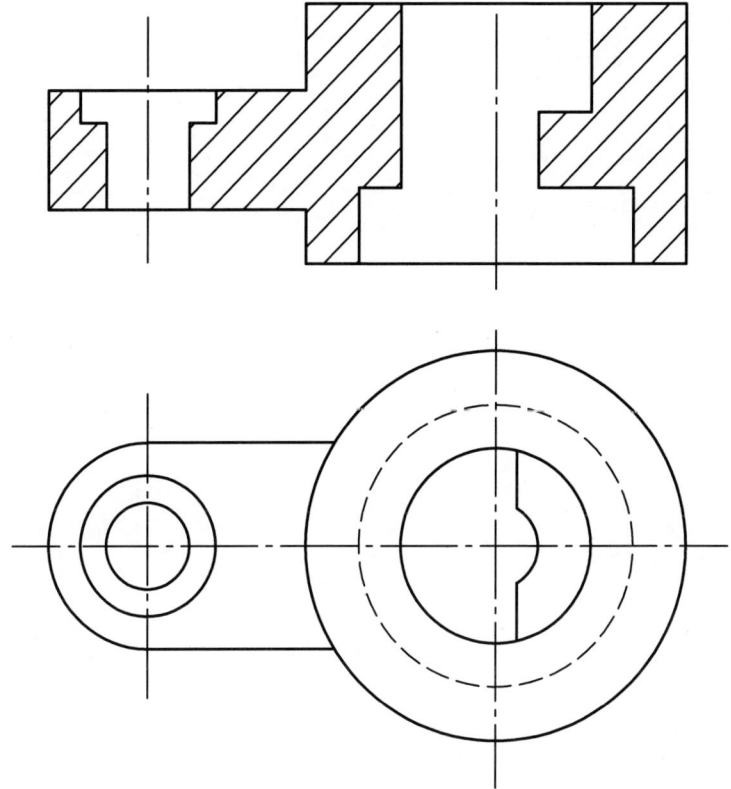

6-6 在指定位置将主视图画成全剖视图。

(1)

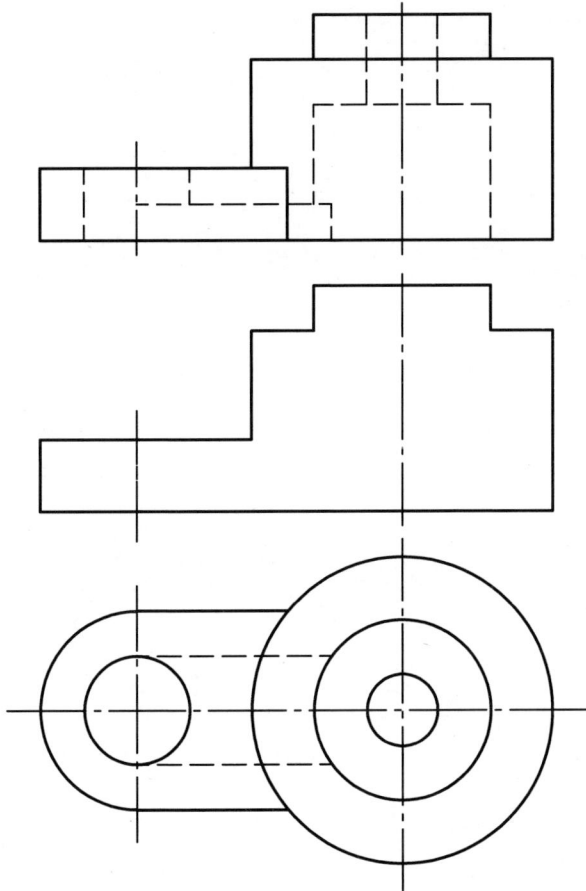

(2)

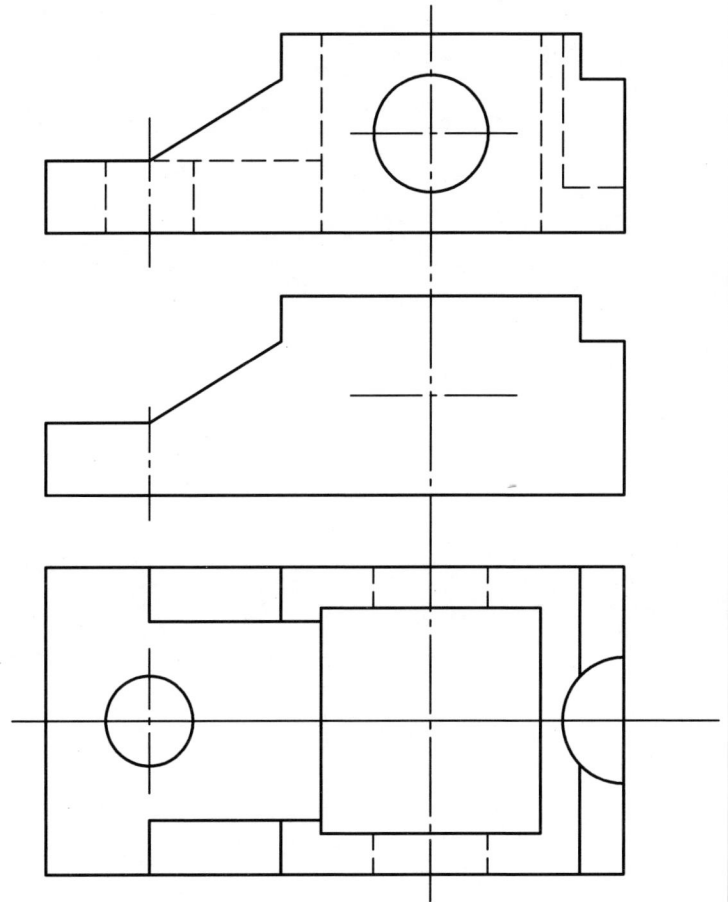

6-7　补画全剖的左视图。

(1)

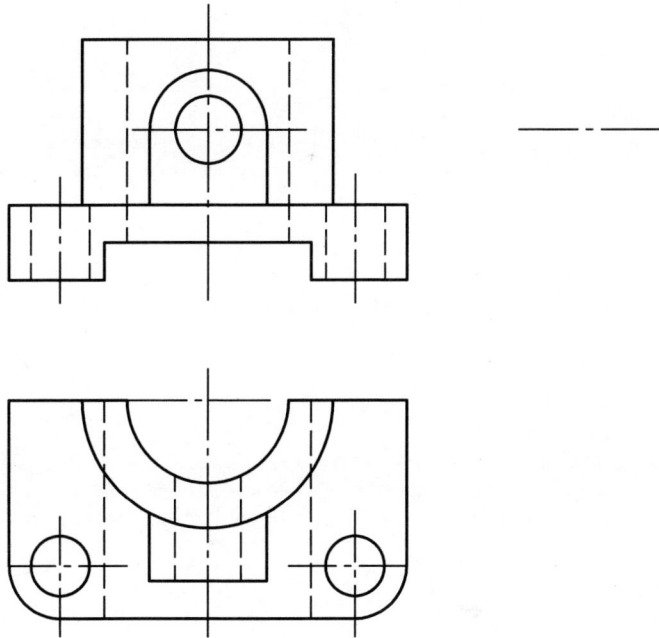

(2)

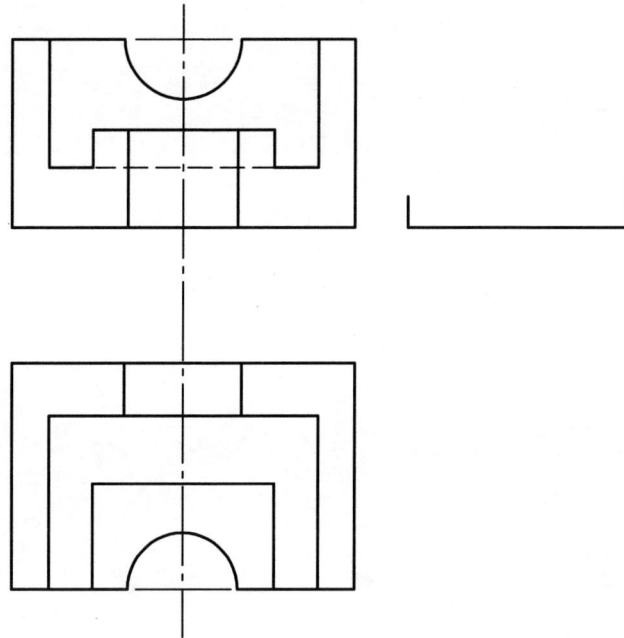

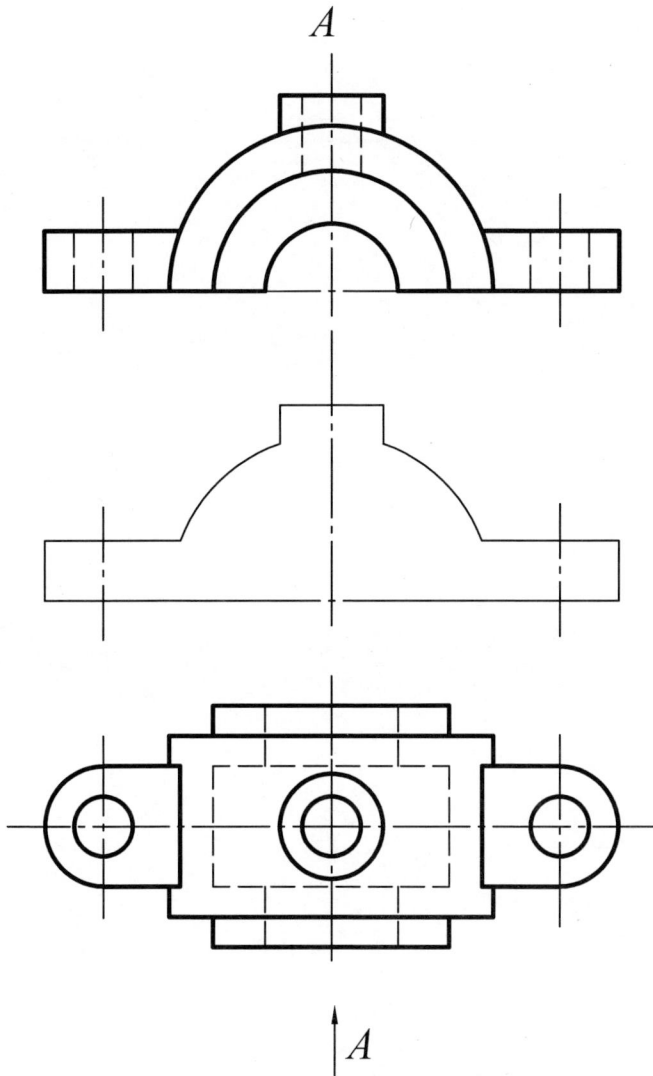

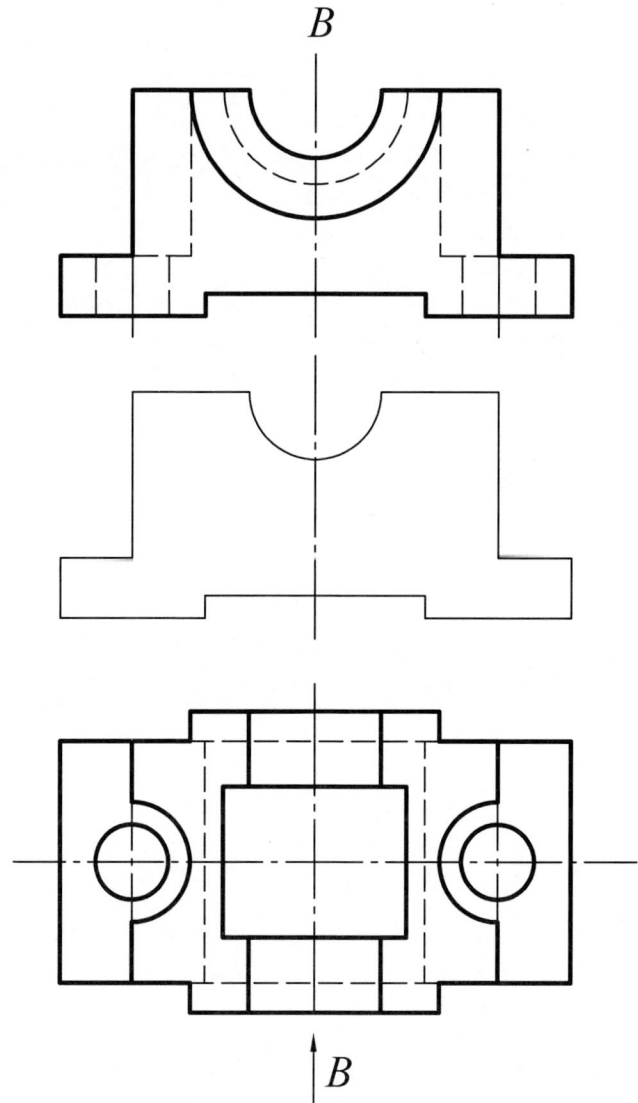

6-8　在指定位置将主视图画成半剖视图。

(1)

(2)

6-9　将主视图画成半剖视图。

(1)

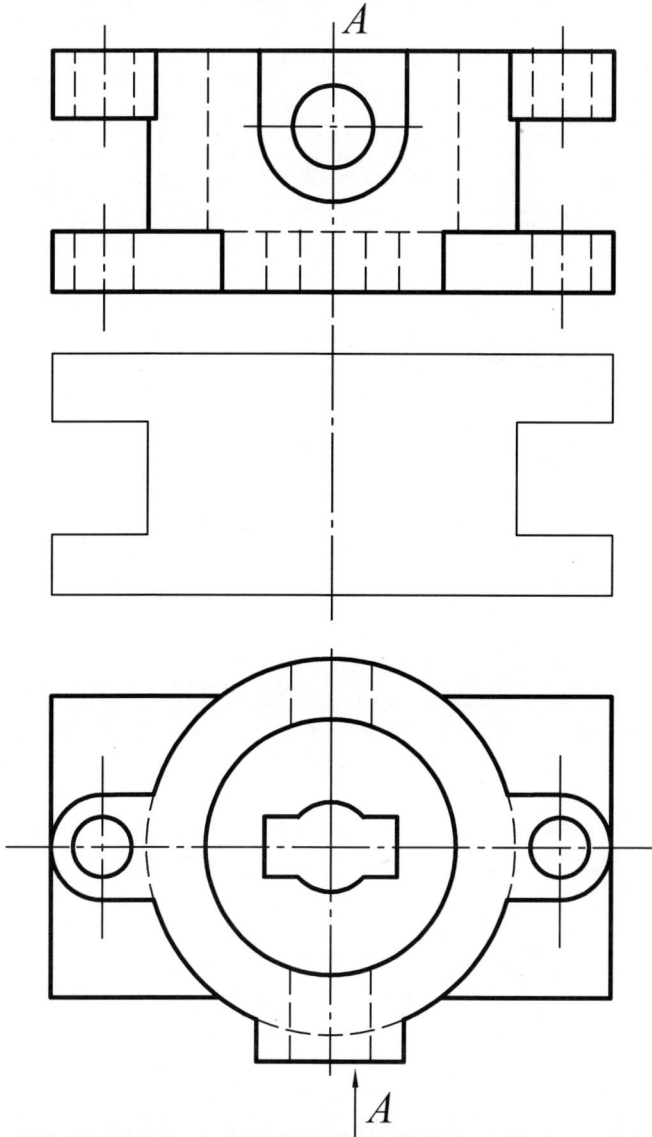

(2)

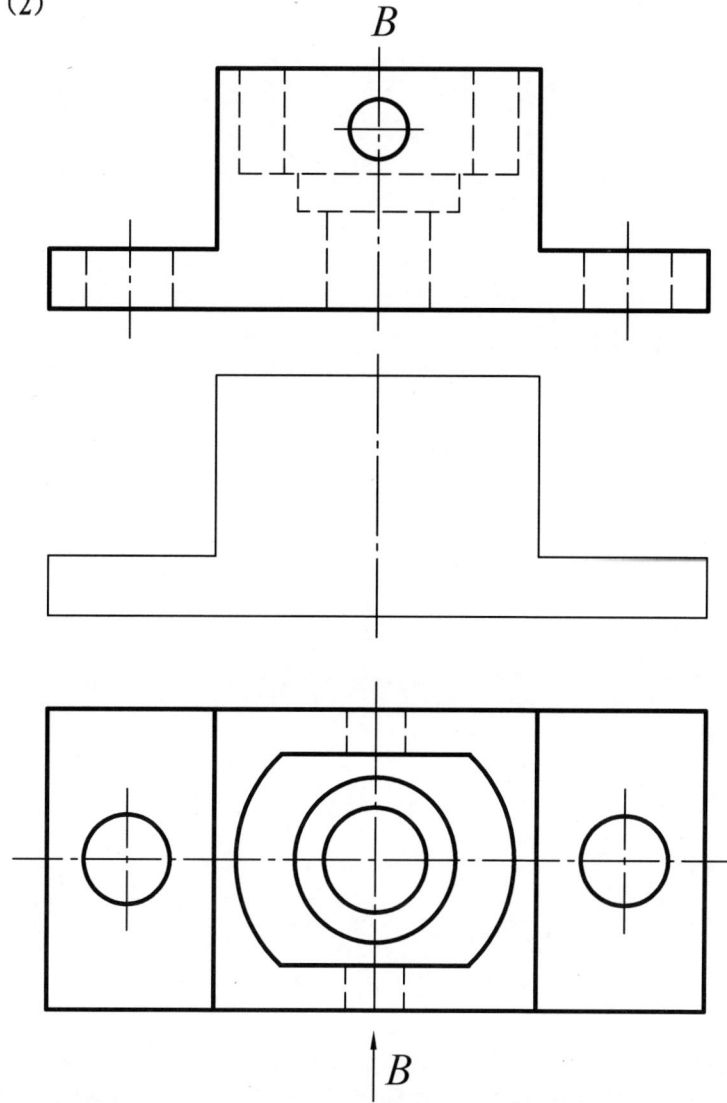

6-10 将主视图画成半剖视图，求作全剖视的左视图。

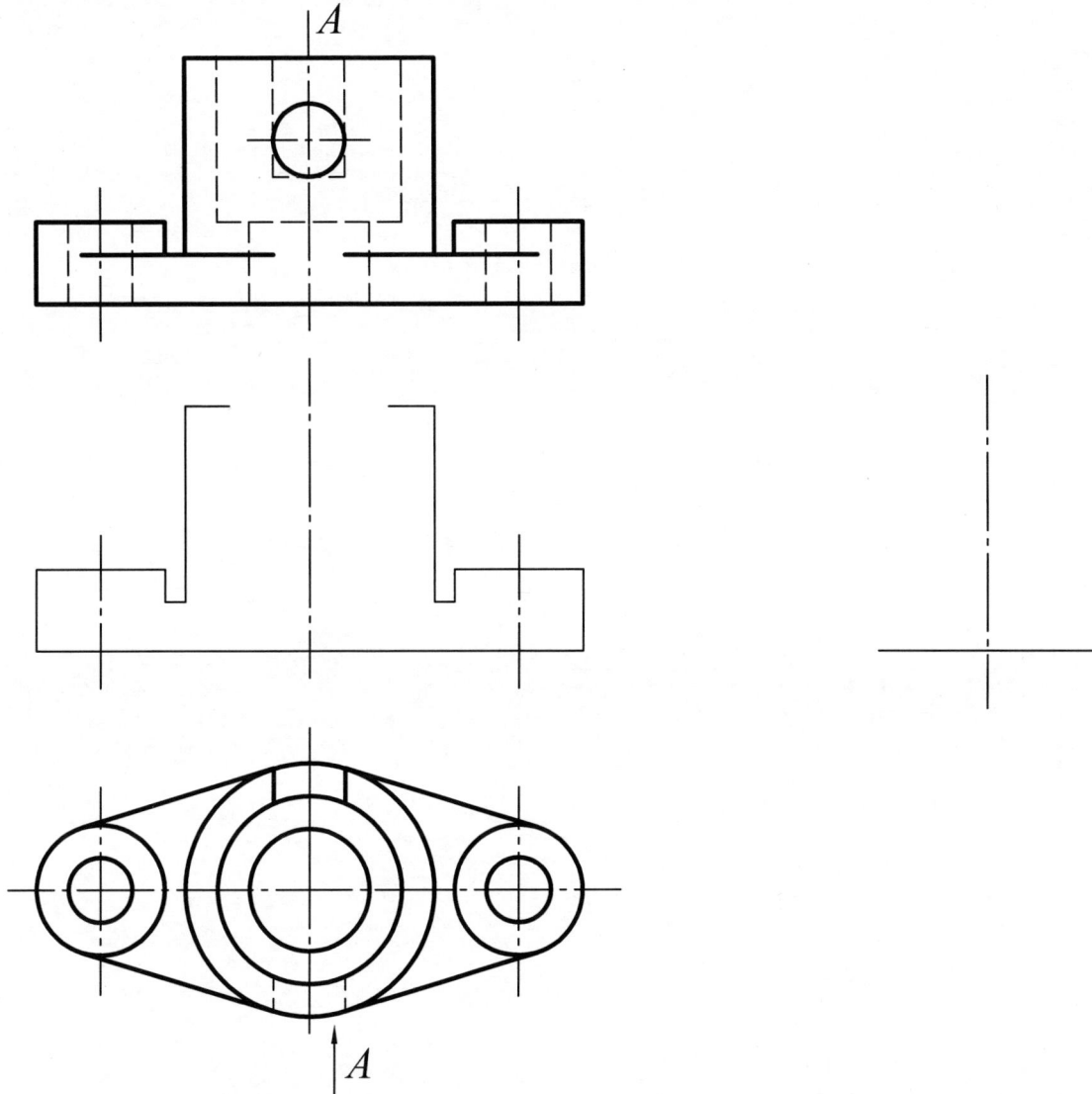

6-11　求作全剖视的主视图，并将左视图画成*B—B*半剖视图。

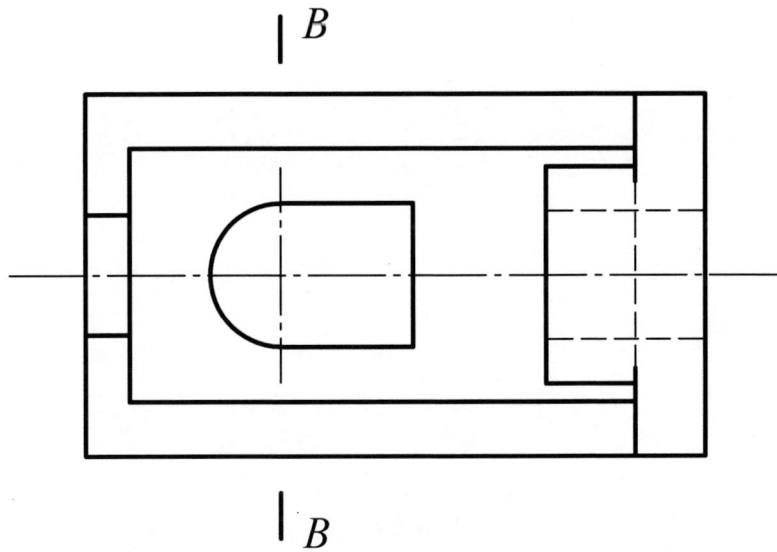

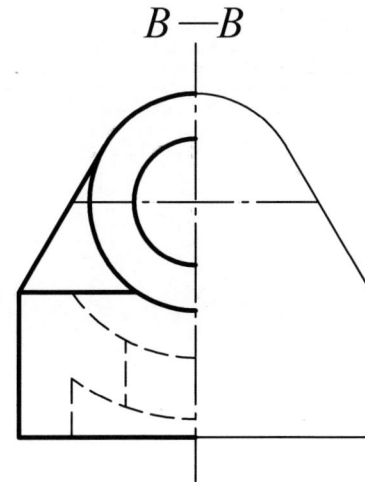

6-12　将主视图改画成局部剖视图（不要的线打×）。

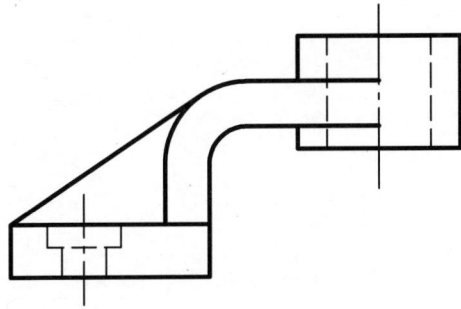

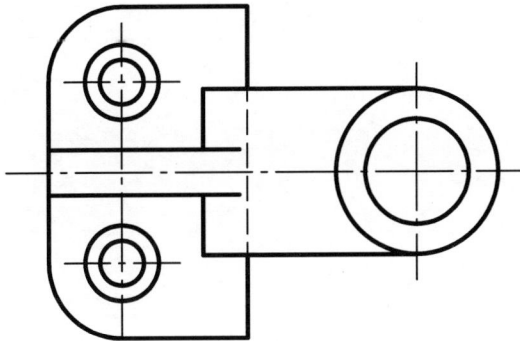

6-13　将主、俯视图改画成局部剖视图。

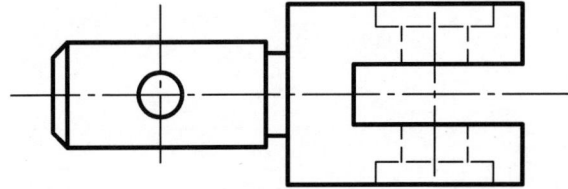

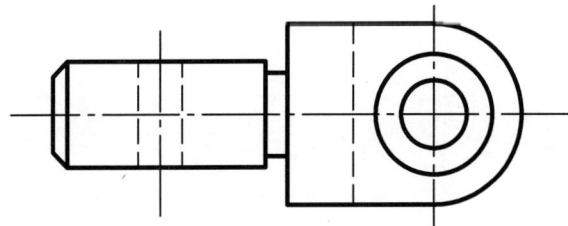

6-14 在指定位置画出用几个平行的剖切平面剖切的剖视图，并加以剖视标注。

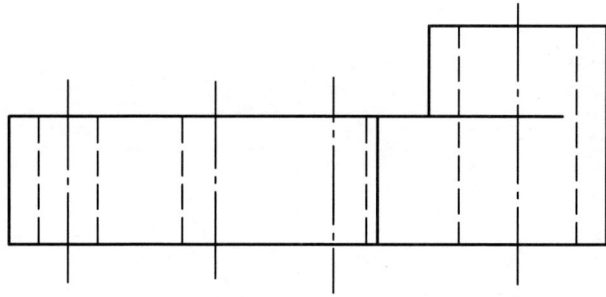

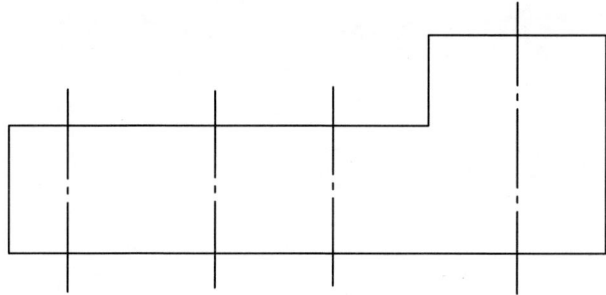

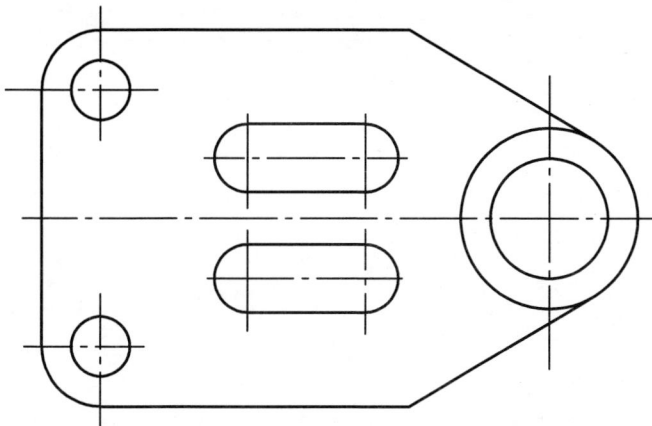

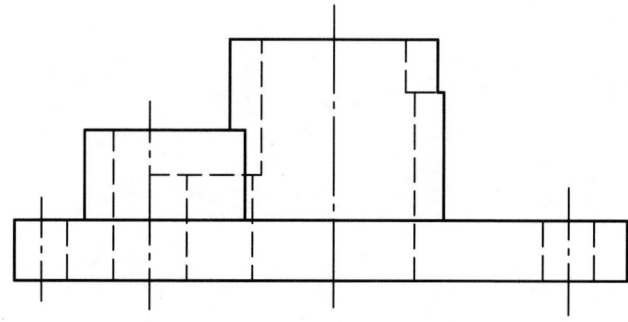

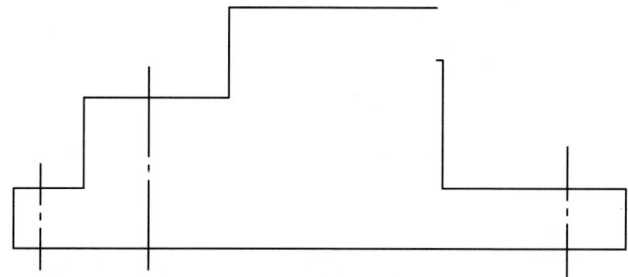

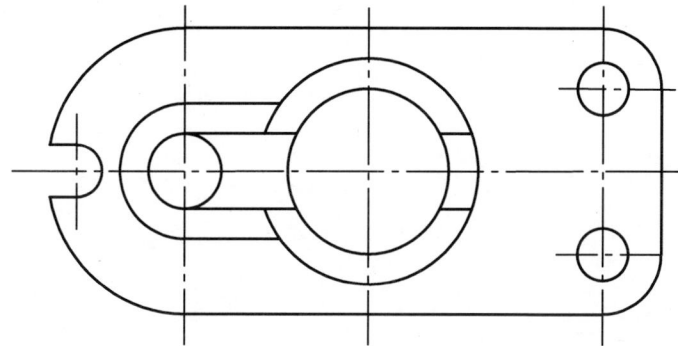

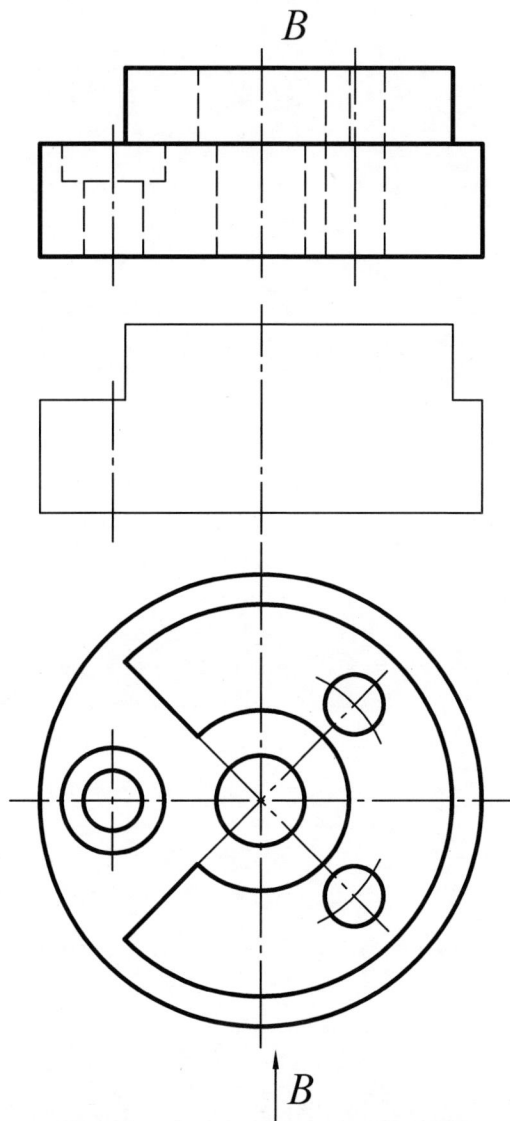

6-15　将主视图画成旋转剖的全剖视图。	6-16　将主视图画成A—A全剖视图。

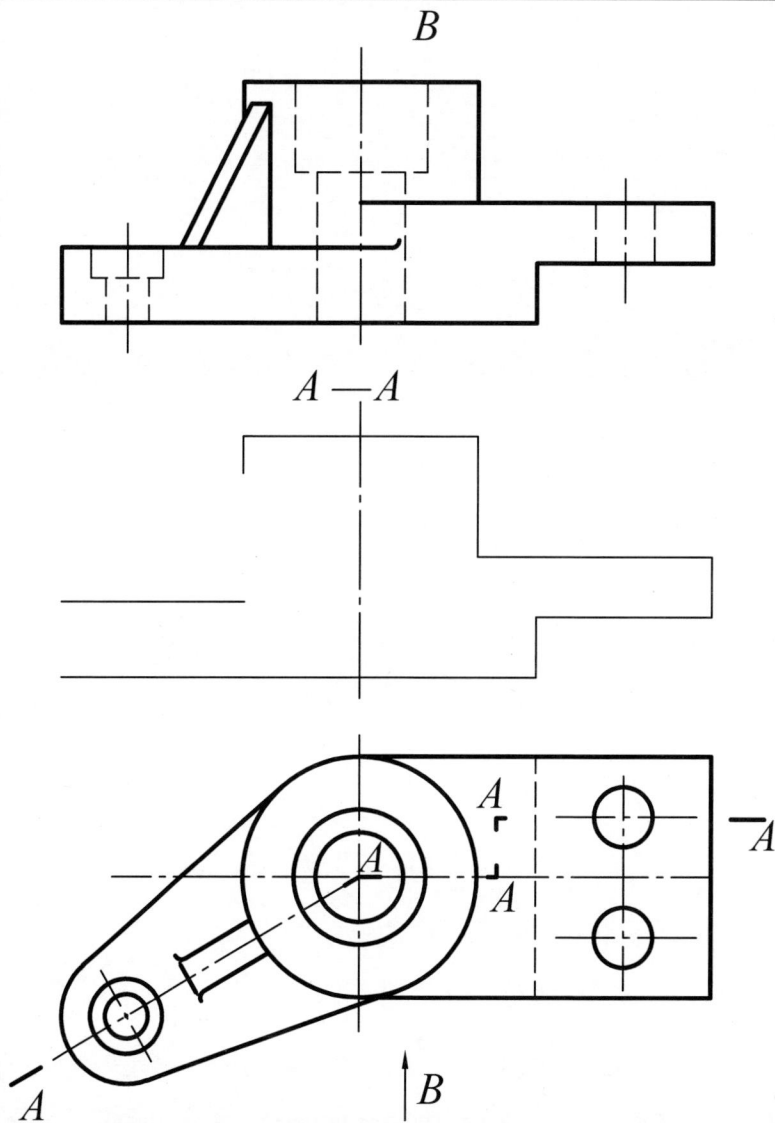

6-17　判别正确的断面图。

(1)

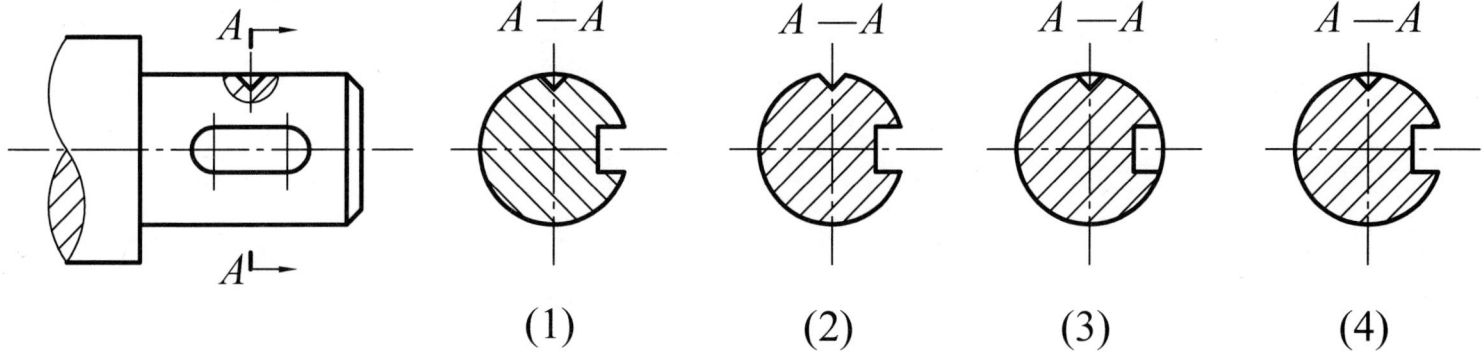

$A-A$　　$A-A$　　$A-A$　　$A-A$

　(1)　　　　(2)　　　　(3)　　　　(4)

正确的断面图是_____

(2)

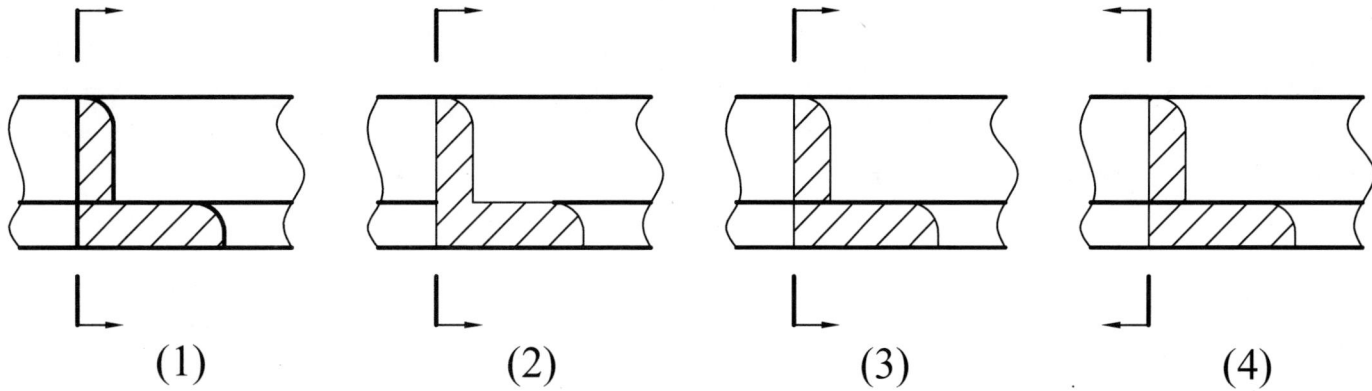

　(1)　　　　(2)　　　　(3)　　　　(4)

正确的断面图是_____

6-18　按指定位置画出主轴的移出断面图。

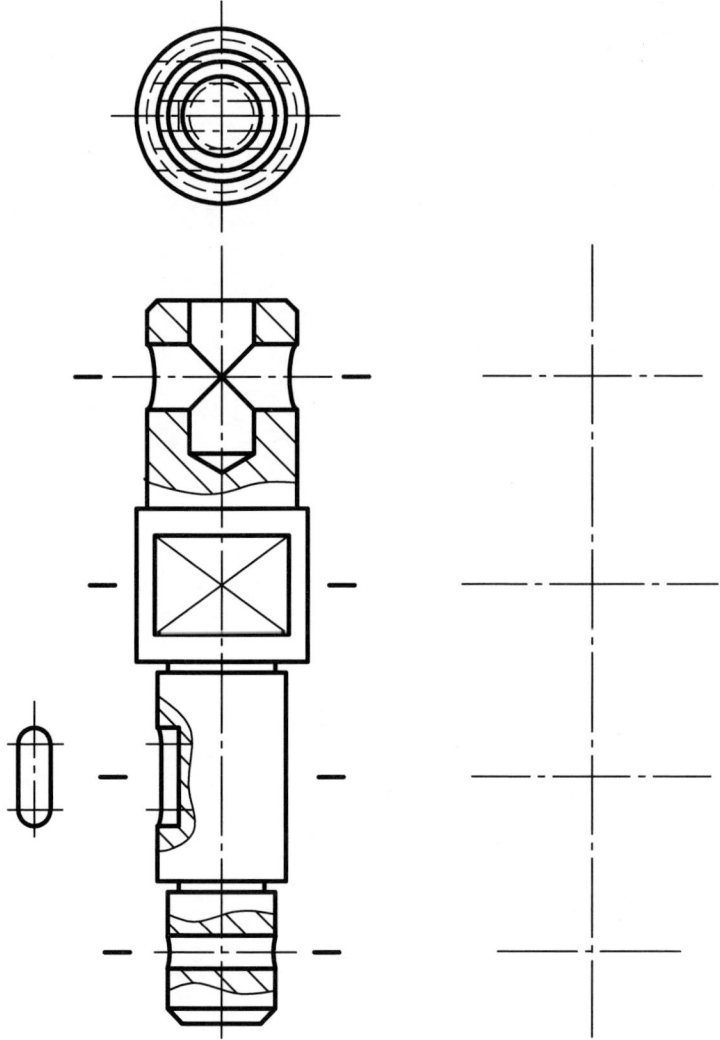

6-19　画出 A—A 重合断面图。

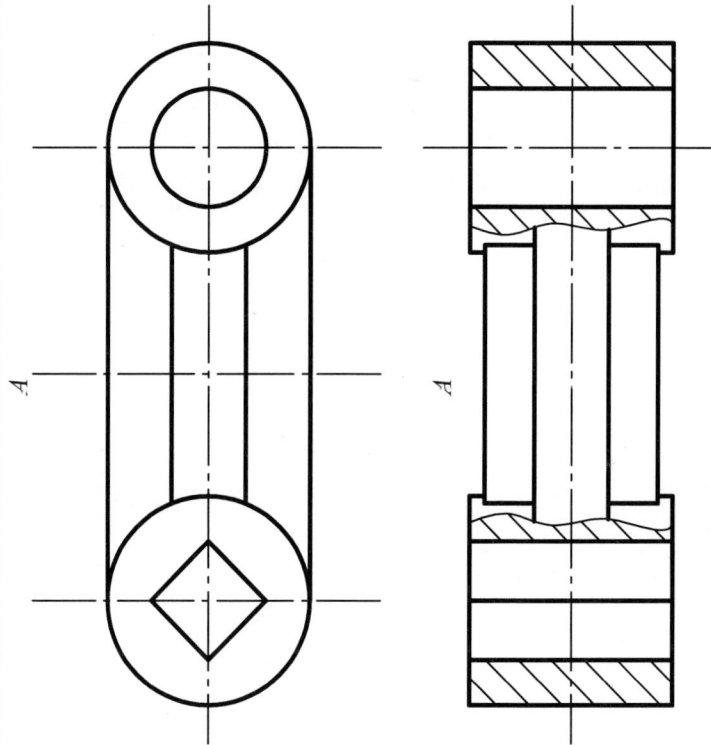

6-20　画出B—B重合断面图和C—C移出断面图。

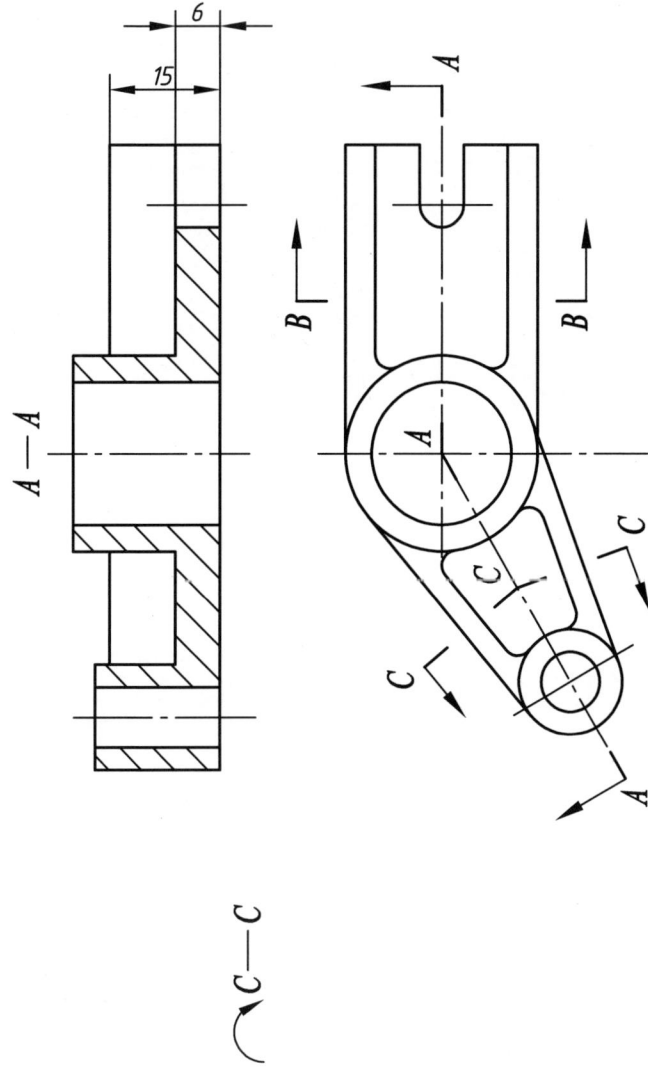

A—A

C—C

6-21　根据规定画法和简化画法改正剖视图中的错误，在指定位置画出正确的剖视图。

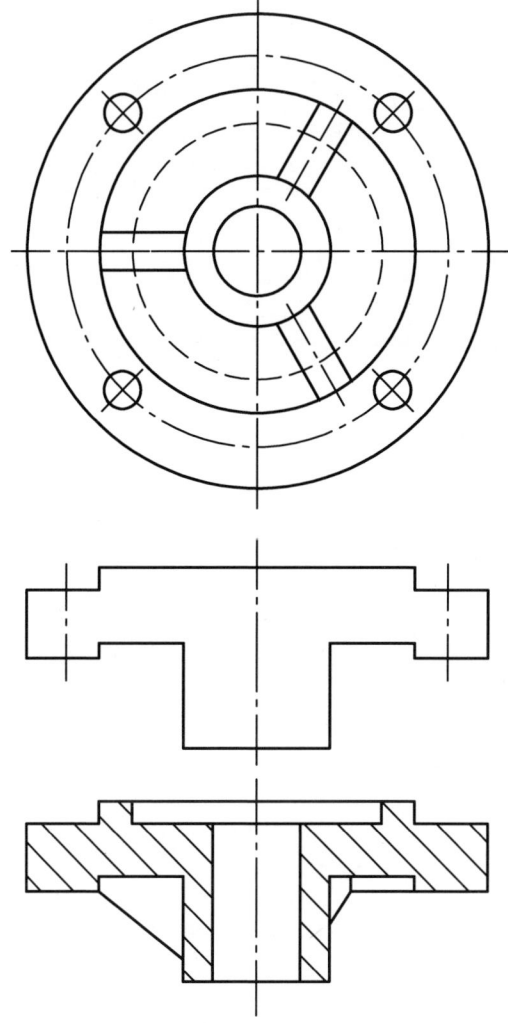

73

6-22　根据模型画出三视图，取适当剖视，并标注尺寸。在后一页的答题纸上作答。

6-23　根据模型画出三视图，取适当剖视，并标注尺寸。在后一页的答题纸上作答。

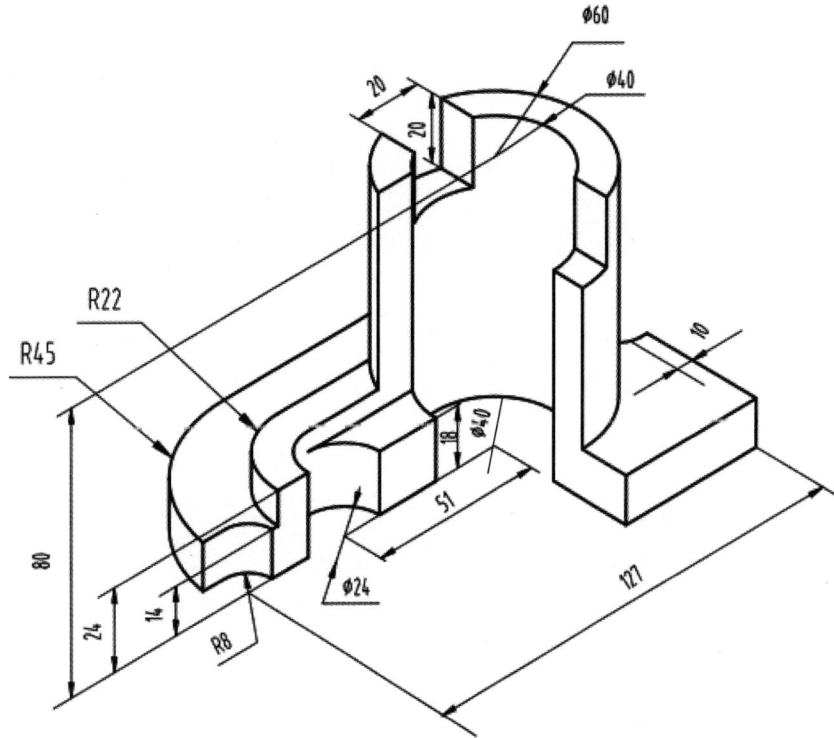

7-1 分析下列螺纹画法中的错误，并在指定位置上画出正确的视图。

（1）
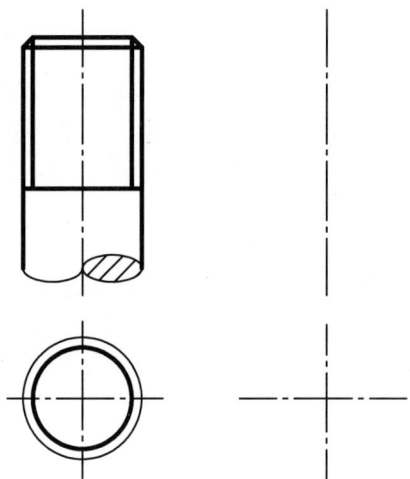

（2）
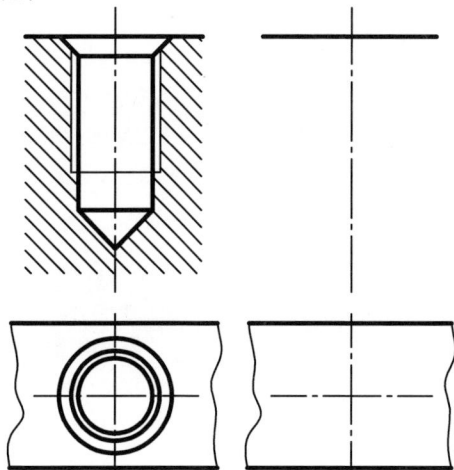

（3）
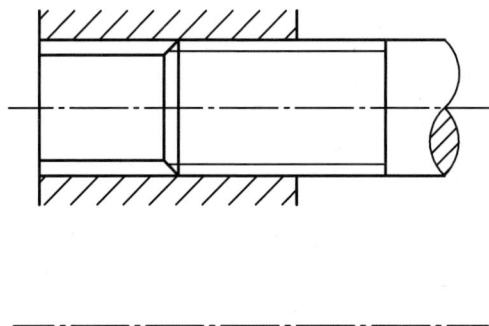

（4）
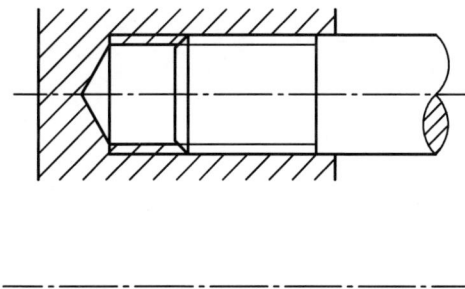

7-2 补画螺纹的投影（已知螺纹的大径为 $\phi16$）。

（1）外螺纹
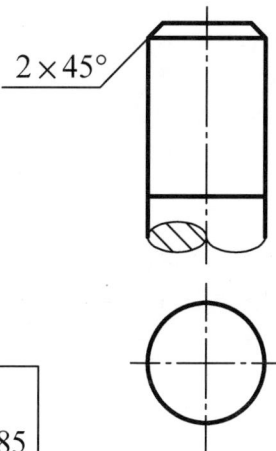

$2\times45°$

作业提示：

小径＝大径×0.85

（2）内螺纹（全剖的主视图，不通孔；光孔深27，螺纹深20）

$2\times45°$

20

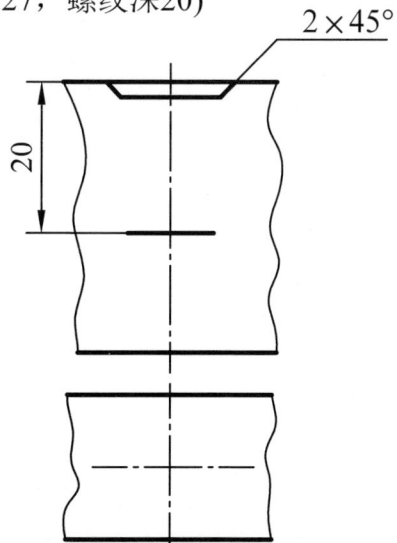

7-3 根据给定的螺纹要素，对螺纹加以标注。

(1) 细牙普通螺纹，大径24mm，螺距1.5mm，右旋，螺纹公差带代号：中径为5g，顶径为6g。

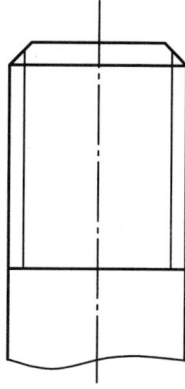

(2) 粗牙普通螺纹，大径24mm，螺距3mm，右旋，螺纹公差带代号：中径、顶径均为6H。

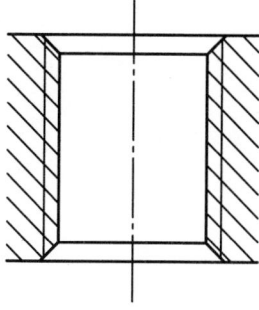

(3) 梯形螺纹，大径26mm，螺距5mm，双线，右旋，螺纹公差带代号：中径为7e，旋合长度为L。

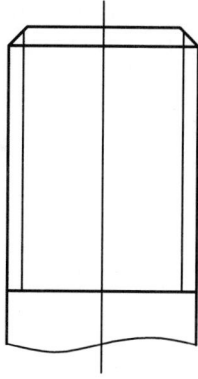

(4) 非螺纹密封的管螺纹，尺寸代号3/4，公差等级A。

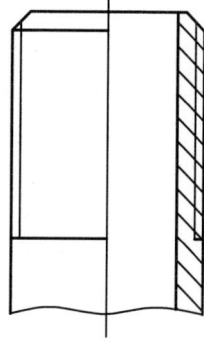

(5) 用螺纹密封的管螺纹，尺寸代号3/4。

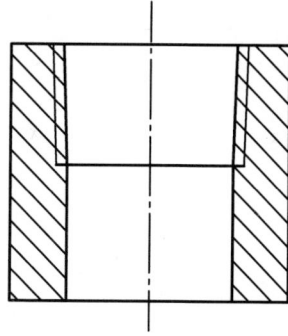

(6) 用螺纹密封的管螺纹，尺寸代号3/4。

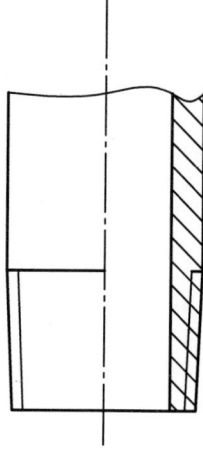

7-4 查表标注下列螺纹紧固件的部分尺寸，并写出其规定标记。

（1）六角头螺栓（GB/T 5780—2016），螺栓规格：大径 D=12mm，公称长度 L=50mm。

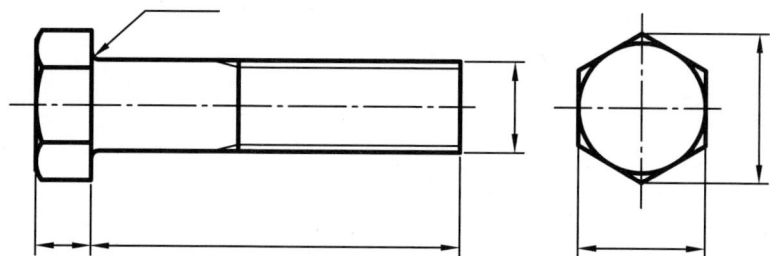

规定标记：_____

（2）I型六角螺母（GB/T 6170—2015），螺栓规格：大径 D=12mm。

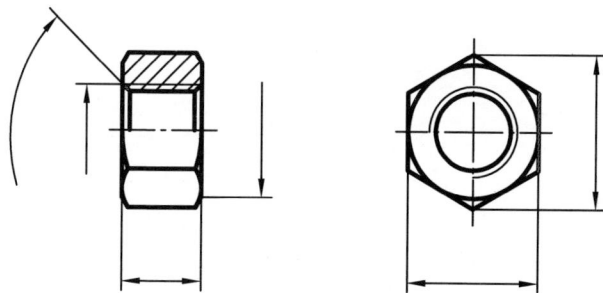

规定标记：_____

（3）开槽圆柱头螺钉（GB/T 65—2016），螺栓规格：大径 D=10mm，公称长度 L=50mm。

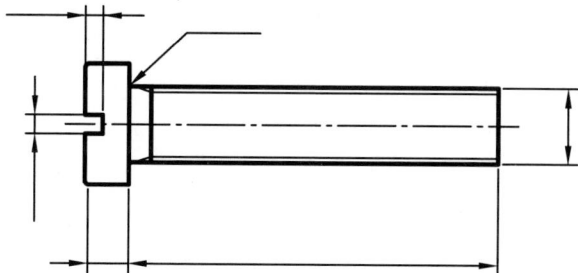

规定标记：_____

（4）平垫圈（GB/T 97.1—2002），公称直径 d=12mm。

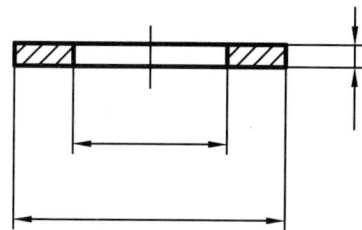

规定标记：_____

7-5　分析下列各图中的错误，并在指定的位置上画出正确的螺纹连接图。

（1）螺栓连接	（2）螺钉连接

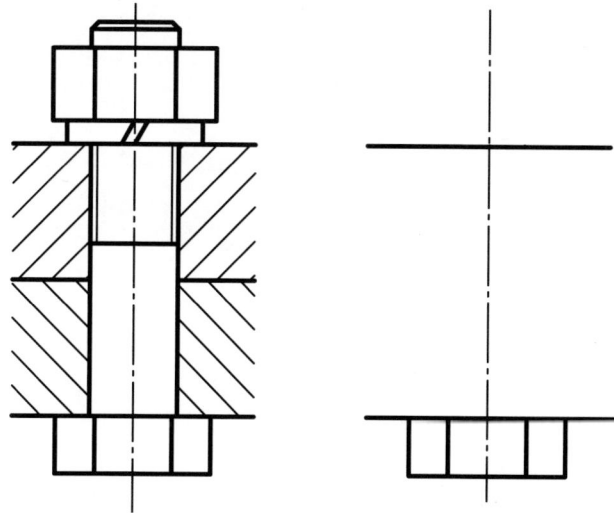

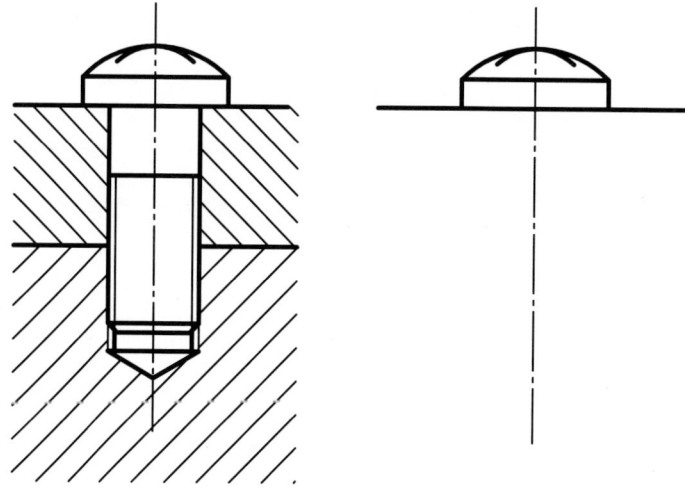

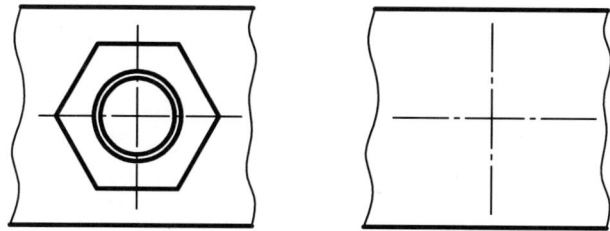

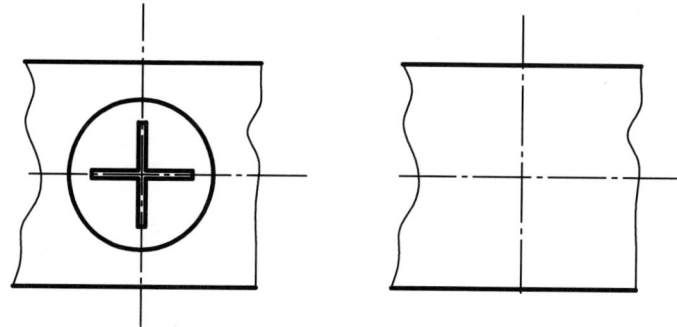

81

7-6 根据给定的螺纹数据，在图上作出正确的螺纹标记。

（1）采用M16的螺栓(GB/T 5780—2016)、螺母(GB/T 6170—2015)、垫圈(GB/T 97.2—2016)连接零件1和2，确定螺栓的公称长度L，完成其主、俯视图。	（2）采用M20的A型螺柱(GB/T 898—1988)、螺母(GB/T 6170—2015)、垫圈(GB/T 93—1987)连接零件1和2，确定螺柱的公称长度L和零件1的螺孔深度，完成其主视图。

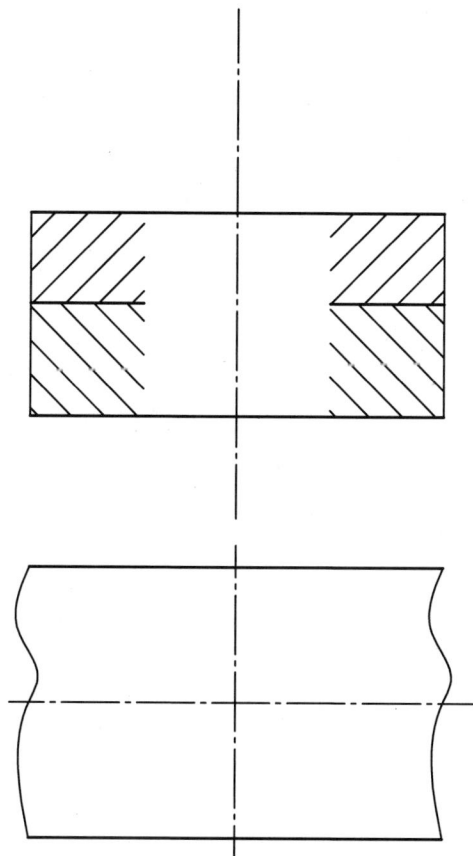

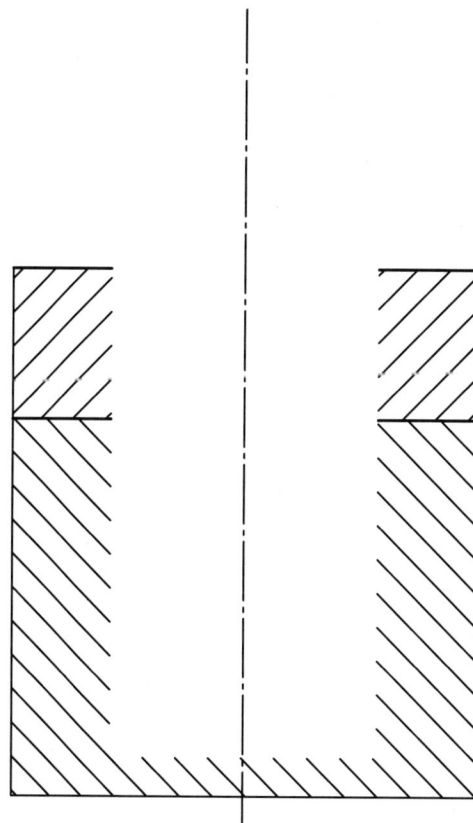

7-7　图中轴与孔采用的是A型普通平键连接。轴和孔的公称直径为φ20，键长为25。试查表确定键和键槽的尺寸，完成键连接图，并写出键的规定标记。

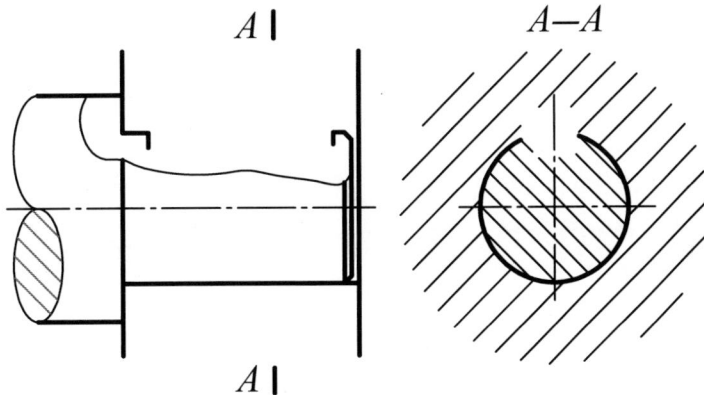

键的规定标记：＿＿＿＿＿＿＿＿

7-8　图中齿轮和轴采用圆柱销连接。已知销的公称直径为6，公差带为m6，公称长度为26，材料为不淬火钢。试补全圆柱销连接图，并写出销的规定标记。

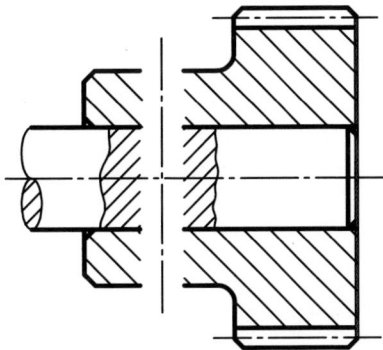

销的规定标记：＿＿＿＿＿＿＿＿

7-9　选用d=4mm的A型圆锥销，画出其装配图，并写出销的规定标记。

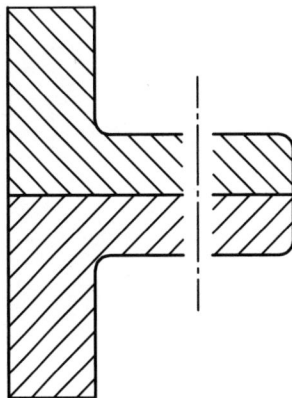

销的规定标记：＿＿＿＿＿＿＿＿

7-10　选用d=6mm，公差为m6的圆柱销，画出其装配图，并写出销的规定标记。

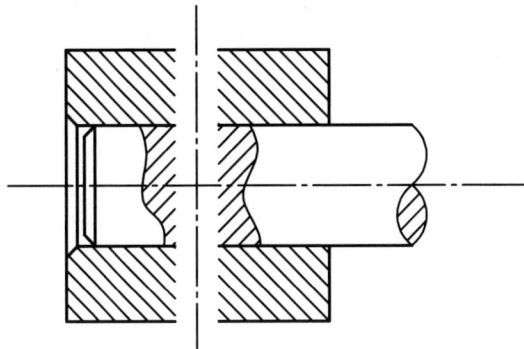

销的规定标记：＿＿＿＿＿＿＿＿

7-11　已知阶梯轴的轴肩处直径为25mm　按要求用1：1的比例画出轴承的下半部分。

滚动轴承 6205
GB/T 276—2013

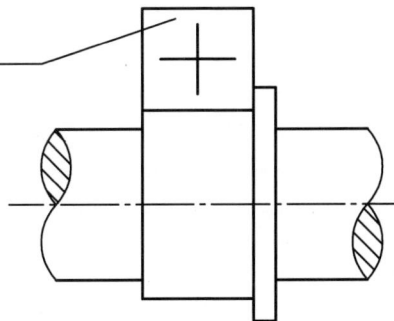

滚动轴承 30205
GB/T 297—2013

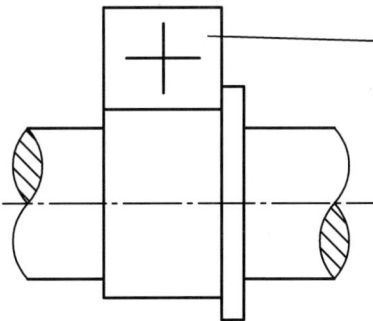

7-12　已知一直齿圆柱齿轮，$m=3$，$Z=23$，试计算其主要尺寸，并按规定画法，画全齿轮的两个视图。

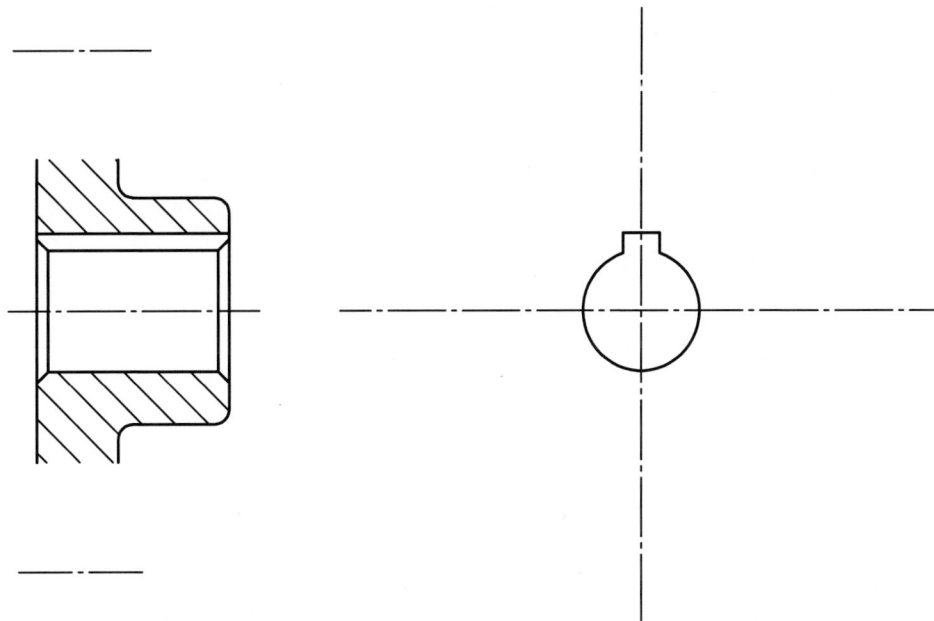

7-13　一对啮合的直齿圆柱齿轮，$m=3$，$Z_1=16$，$Z_2=26$，计算其主要尺寸，用1∶1的比例完成其啮合图。

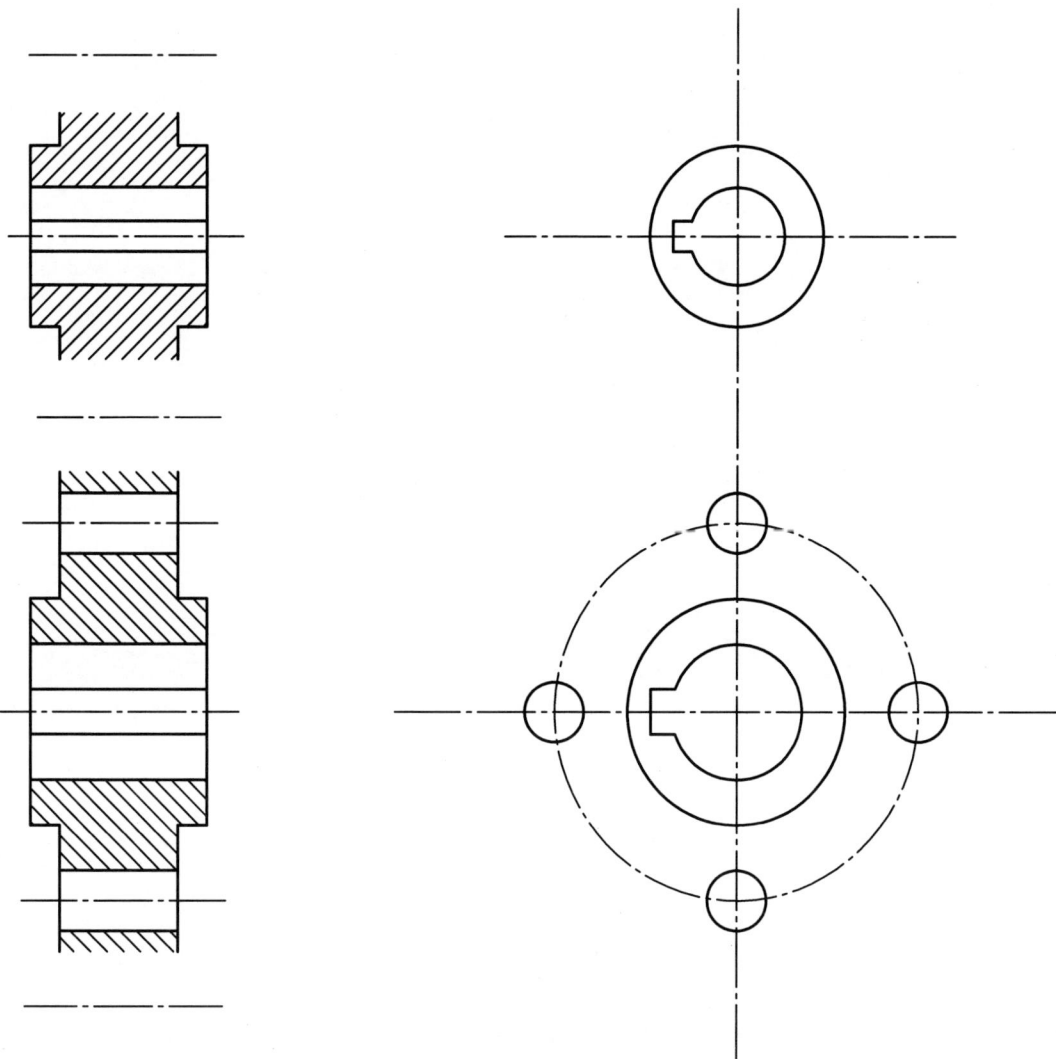

7-14　用1∶1的比例画出圆柱螺旋压缩弹簧的全剖视图。已知簧丝直径d=8mm，弹簧外径D=50mm，节距l=12mm，有效圈数n=8，总圈数n_1=10.5，右旋。

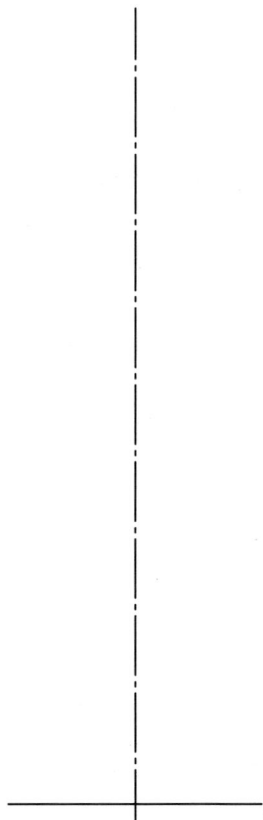

作业提示：画图前应计算出

自由高度$H_0 = nt + (n_0 - 0.5)d =$

支撑圈数$n_0 = n_1 - n =$

中径$D_2 = D - d =$

8-1　根据文字说明将表面结构代号标注在下列图中。

1.

(1) ⌀12孔表面粗糙度 Ra 为0.8μm。

(2) ⌀12两端90°倒角表面粗糙度 Ra 为1.6μm。

(3) M32螺纹工作表面粗糙度 Ra 为6.3μm。

(4) ⌀40表面粗糙度 Ra 为3.2μm。

(5) 倒角C2表面粗糙度 Ra 为12.5μm。

(6) 其余表面 Ra 均为12.5μm。

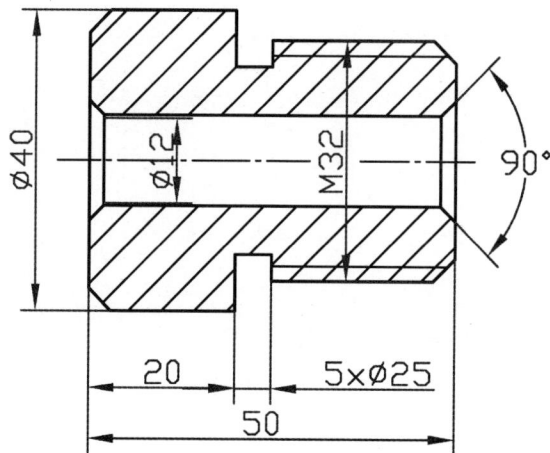

2.

(1) 沉孔 ⌀10表面粗糙度 Ra 为6.3μm，⌀5表面为12.5μm。

(2) ⌀12孔表面粗糙度 Ra 为6.3μm。

(3) 机件底面表面粗糙度 Ra 为12.5μm。

(4) 其余均为铸造表面。

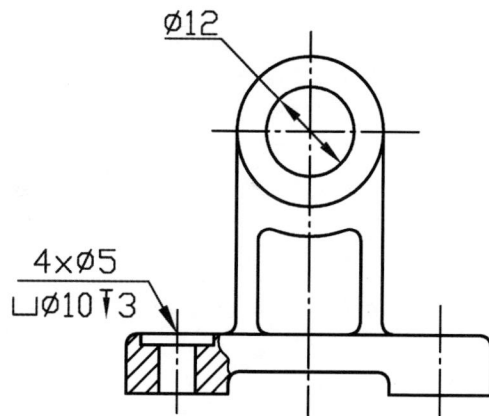

8-2 根据文字说明将表面结构代号标注在下列图中。

(1) ⌀25孔表面粗糙度 Ra 为1.6μm。

(2) 轮齿工作表面表面粗糙度 Ra 为1.6μm。

(3) 键槽两工作表面表面粗糙度 Ra 为3.2μm，键槽底面为6.3μm。

(4) 其余表面 Ra 均为12.5μm。

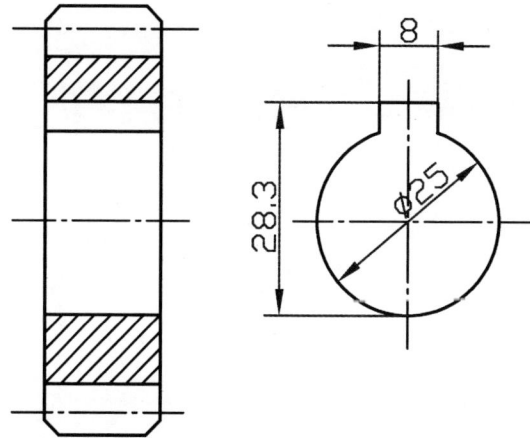

8-3 极限与配合。

1. 说明下列零件尺寸中的字母和数字的意义。

(1) $\phi 26m6$：其中 m6 是_____的_____代号，m 是_____符号，6是_____等级。

(2) $\phi 26H7$：其中 H7 是_____的_____代号，H是_____符号，7是_____等级。

(3) $\phi 26_{-0.013}^{0}$：其中 $\phi 26$ 是_____尺寸，上偏差是____，下偏差是_____，最大极限尺寸是_____，最小极限尺寸是_____，公差是_____。

2. 根据图(a)中的尺寸和配合代号，查表后在(b)、(c)、(d)中标注出基本尺寸及上、下偏差数值。

(1) $\phi 34H7/k6$：属基_____制，_____配合；孔公差带代号：_____，轴公差带代号：_____。

(2) $\phi 26H8/f7$：属基_____制，_____配合；孔公差带代号：_____，轴公差带代号：_____。

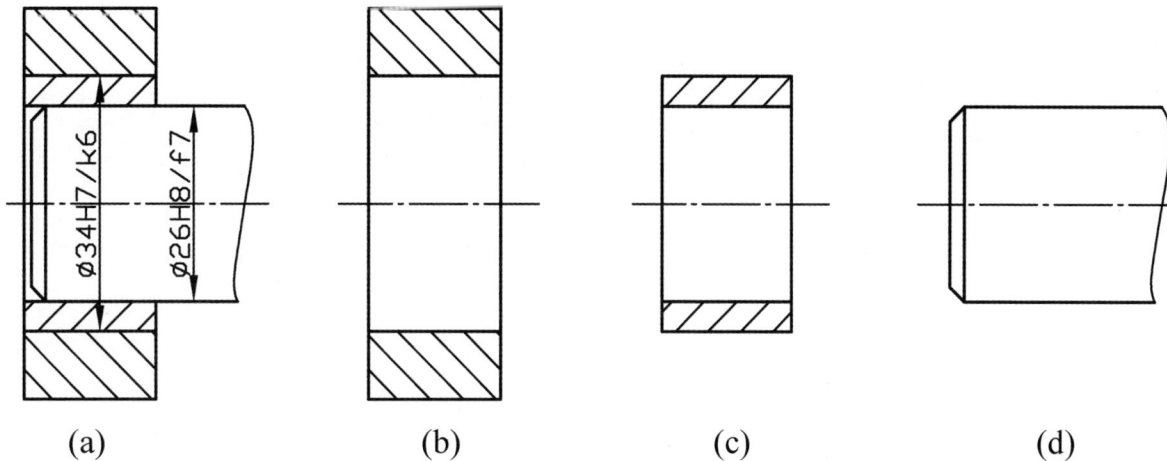

(a)　　　　　　　　(b)　　　　　　　　(c)　　　　　　　　(d)

3. 根据图(a)中的尺寸和配合代号，查表后在(b)、(c)中标注基本尺寸及上、下偏差数值。

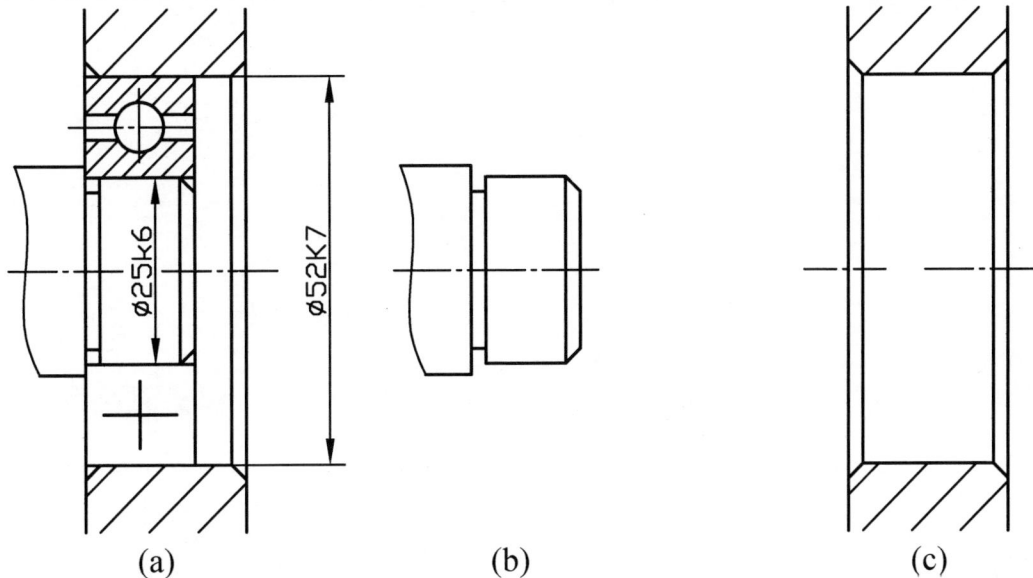

(a)　　　　　　　(b)　　　　　　　(c)

4. 根据(b)、(c)中的基本尺寸及偏差值，查出其公差带代号，并在图(a)中标注出它们的配合代号。

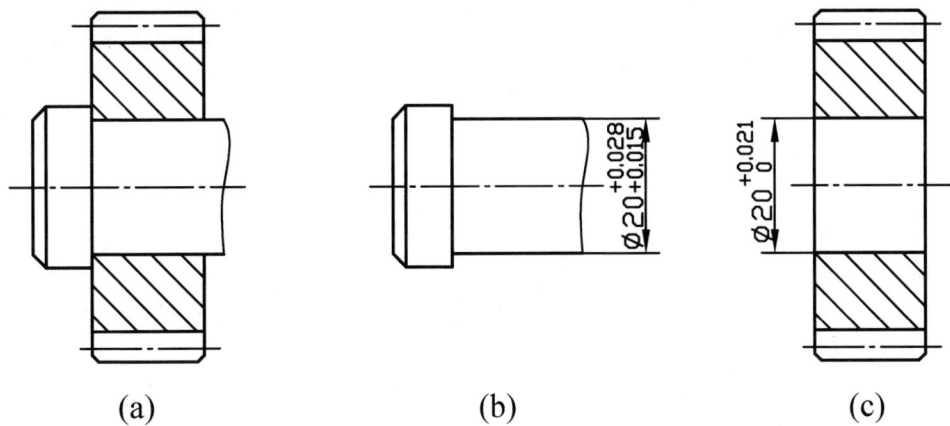

(a)　　　　　　　(b)　　　　　　　(c)

90

8-4　阅读零件图，在指定位置画C向向视图（不含虚线）并回答后一页的问题。

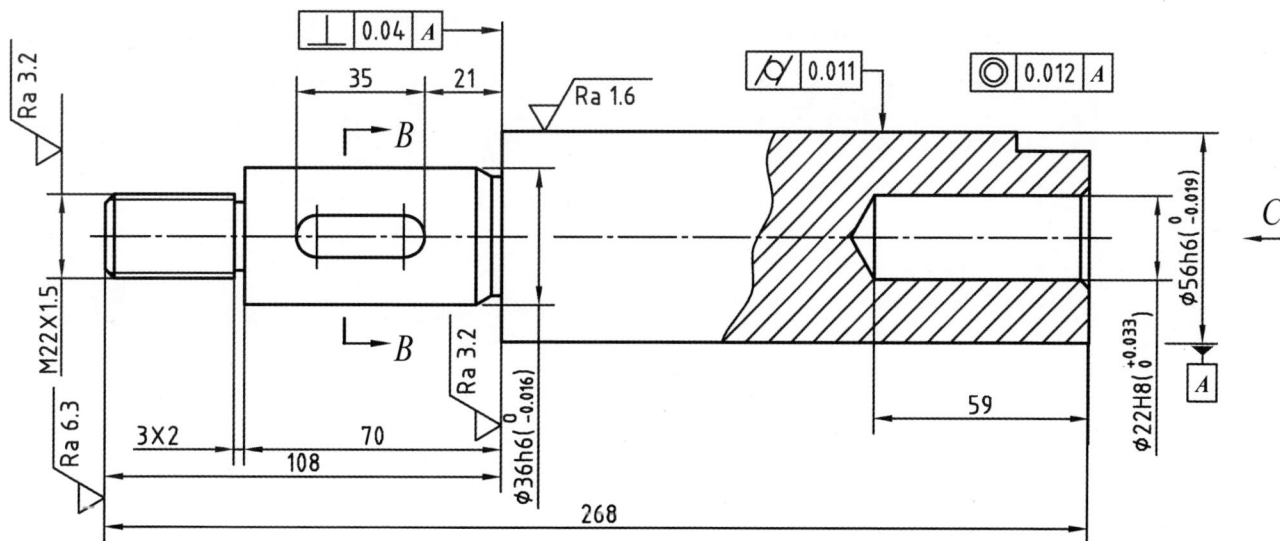

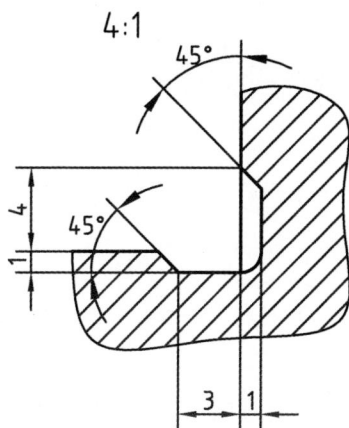

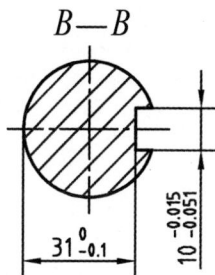

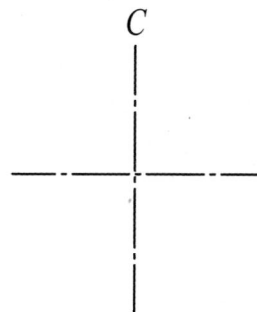

4:1

$B—B$

C

45°

45°

$31^{\ 0}_{-0.1}$

$10^{-0.015}_{-0.051}$

3　1

技术要求：

未注圆角为 R3；未注倒角C1.

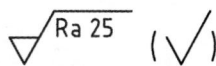

$\sqrt{Ra\ 25}$ $(\sqrt{})$

标记	处数	分	区	更改文件号	签名	年 月 日			45		单位	
设计			标准化								轴	
								重量	比例			
审核										1:2		
工艺			批准			共 张　第 张					01	

1. 该零件的名称是 _____。

2. 该零件的绘图比例是 _____。

3. 该零件所用材料的牌号是 _____。

4. 该零件左端的螺纹尺寸M22X1.5中的M表示_____ , 1.5表示 _____ ,
   该螺纹孔端处倒角尺寸为 _____。

5. 该零件右端的尺寸ϕ22H8中的ϕ22表示_____， H8表示 _____。

6. 未注机加工圆角尺寸为 _____。

7. 该零件左端面的表面结构要求（即表面粗糙度）为 _____　。

8-5 阅读零件图，填空回答下列有关该零件的问题，并在指定位置画出 $B—B$ 断面图。

技术要求

1. 铸件不能有砂眼及缩孔；
2. 未注圆角均为R2。

$\sqrt{\dfrac{X}{}} = \sqrt{\dfrac{Ra\ 3.2}{}}$

$\sqrt{\dfrac{Y}{}} = \sqrt{\dfrac{Ra\ 12.5}{}}$

$\sqrt{}$ （ $\sqrt{}$ ）

							HT200		单位
标记	处数	分区	更改文件号	签名	年 月 日				阀体
设计			标准化					重量	比例
审核									1:1
工艺			批准			共 张 第 张			02

93

填空回答:

　1．该零件名称是_____，所用的材料牌号是_____，绘图比例为_____。

　2．主视图尺寸 φ13H8中，φ13 表示_____，H8 表示_____。

　3．主视图尺寸 G3/4A中，G 表示_____，3/4 表示_____。

　4．零件下端 φ19H8内孔表面的表面结构要求(表面粗糙度)为_____。

　5．零件下端孔口倒角为_____。

　6．该零件总体尺寸为：长_____㎜，宽_____㎜，高_____㎜。

8-6 阅读装配图，分析并回答下面2页有关该装配体的问题。

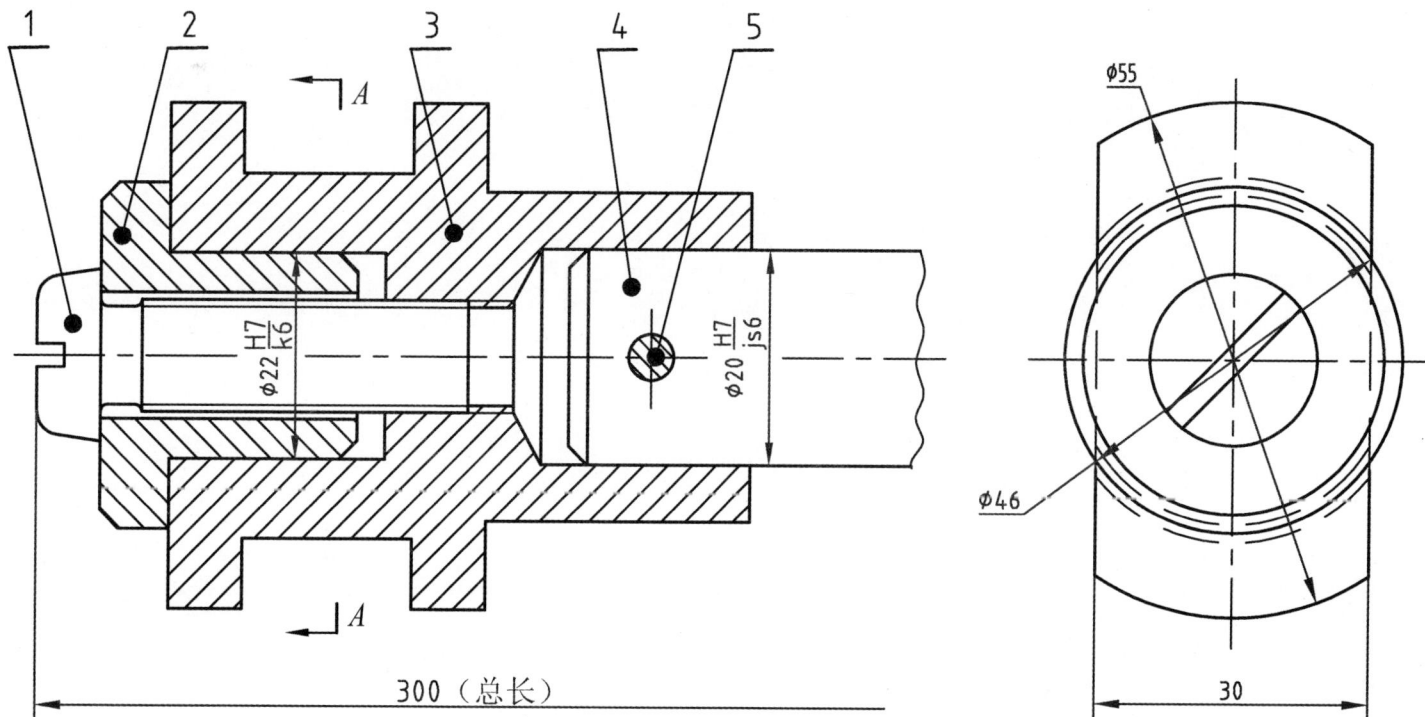

5	GB/T119-1986	销A4x40	1					
4	L0A02.03	轴	1	45				
3	L0A02.01	卡头体	1	20				
2	L0A02.02	盖	1	20				
1	GB/T67—1985	螺钉 M12x40	1					
序号	代　号	名　称	数量	材　料	单件 总计		备注	
					重量			
						单位		
标记	处数	分区	更改文件号	签名 年 月 日		芯柱机组件		
设计			标准化		重量 比例			
审核						01		
工艺			批准	共 张 第 张				

1.填空

(1) 该装配体名称为_____，组成零件共有_____种。
其中标准件有_____种，零件序号分别为_____、_____，
材料牌号均为_____。

(2) 装配图中的尺寸可分为_____、装配尺寸、_____、外形尺寸和其他重要尺寸等五大类尺寸。
该装配图中 $\phi 22H7/k6$ 属于_____尺寸，$\phi 55$ 属于_____尺寸。

(3) 该装配图共用了_____个图形来表达，其中主视图采用了_____视图表达，左视图采用了____视图表达，
A-A 称为_____图。

(4) 零件1和零件3是由_____连接的。

(5) 零件3和零件4的配合代号是_____，属于_____制的_____配合。

2.简明扼要回答下列问题

(1) 简述本装配体的工作原理。

（2）简述本装配体的拆卸顺序。

3. 看懂芯柱机组件装配图，然后画出断面图。

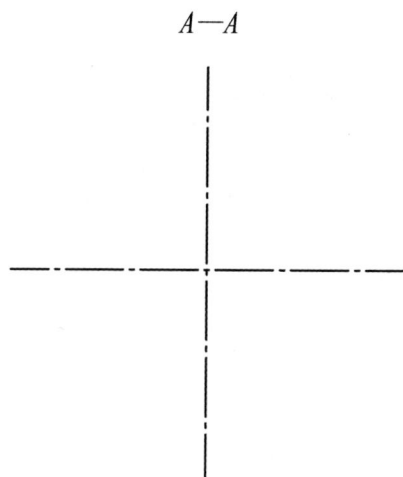

A—A

8-7　看懂某型号电子琴的电路图，并在指定位置处填空回答问题。

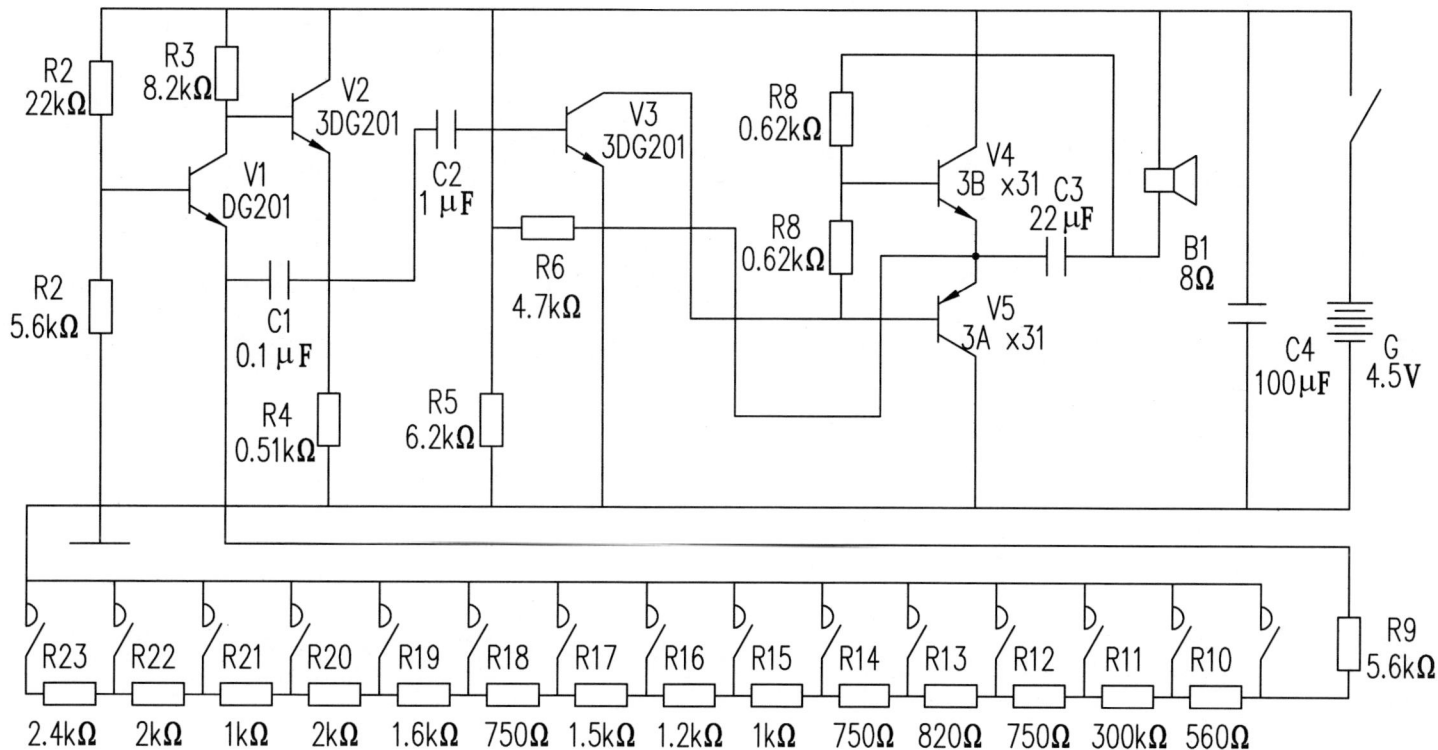

下列图形符号和文字符号的含义是什么？

1. 图形符号：⊥ _____ ；◁) _____ ；⊣⊢ _____ ；_____ ；

_____ 。

2. 文字符号：R _____ ；C _____ ；B _____ ；G _____ 。

8-8　看懂轴承挂架焊接图，并解释指定焊缝代号的含义。

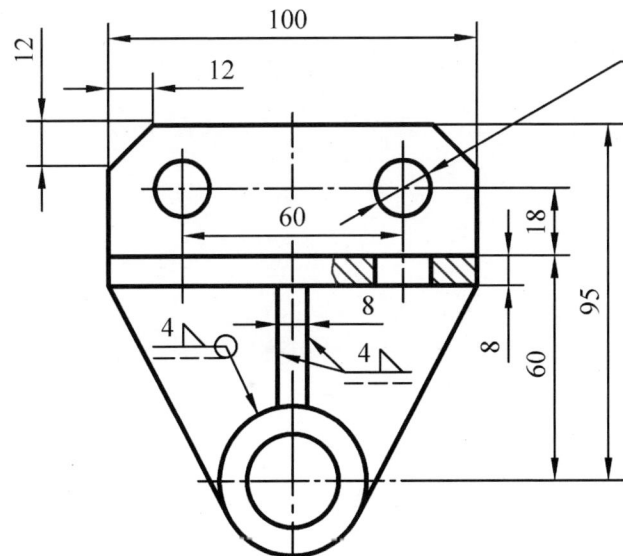

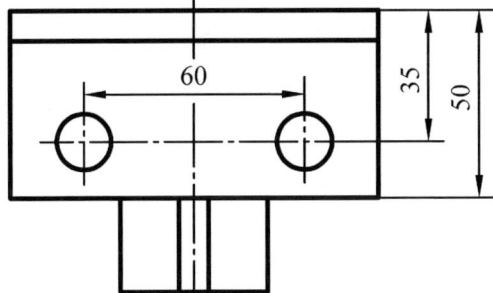

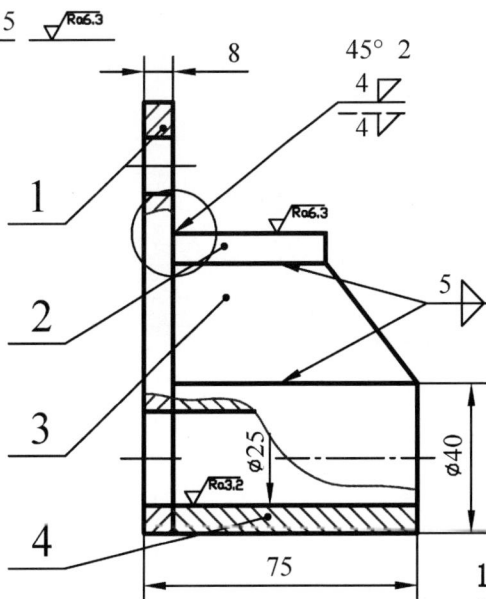

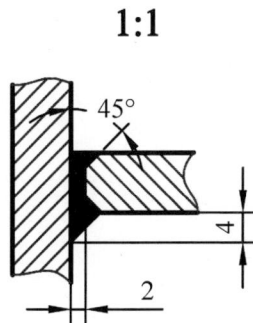

技术要求

1. 各焊缝均采用手工电弧焊；
2. 切割边缘表面粗糙度 Ra 为12.5μm；
3. 所有焊缝不得有透熔蚀等缺陷。

4	圆　筒	1	Q235
3	肋　板	1	Q235
2	横　板	1	Q235
1	立　板	1	Q235
序号	零件名称	数量	材料

轴承挂架	比例	重量	共　张	（图号）
	1:1		第　张	
设计	（姓名）	（日期）	（学校、专业、班级）	
审核	（姓名）	（日期）		

试解释：

焊缝符号　中的"◁"表示＿＿＿＿＿＿，"○"表示

＿＿＿＿＿＿，"4"表示＿＿＿＿＿＿。

8-9　在指定的位置上用文字说明下列图例、代号的意义。

(1) 图例

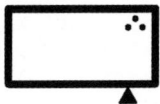

_____

 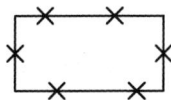

_____ _____ _____

_____ _____ _____

_____ _____ _____

(2) 代号

"WB" 表示 _____ ；

▼150.00　　　　　"TB" 表示 _____ ；

−3.200 _____　"CJ" 表示 _____ ；

▽　　　　　　　　"YP" 表示 _____ 。

8-10　看懂后一页所示的某学校宿舍楼①—⑨立面图，并在指定的位置上填空回答问题。

1. 从图名或轴线的编号可知，该图是表示房屋_____向的立面图；其绘图比例为_____。

2. 该宿舍楼的正门在_____端，正门的上方有一 _____ 窗；东端底层有一 _____ ；屋顶女儿墙处有许多孔洞，表示屋面的通风口兼作_____口。

3. 该房屋室外地坪标高为_____，室内外高差为_____ m。

4. 该建筑的总高为_____ m。

5. 从图中的文字说明可知，西端外墙为_____ 水泥白灰砂浆粉面及分格；勒脚、门廊柱、窗间墙及女儿墙均为_____粉面。

某学校宿舍楼①~⑨立面图。

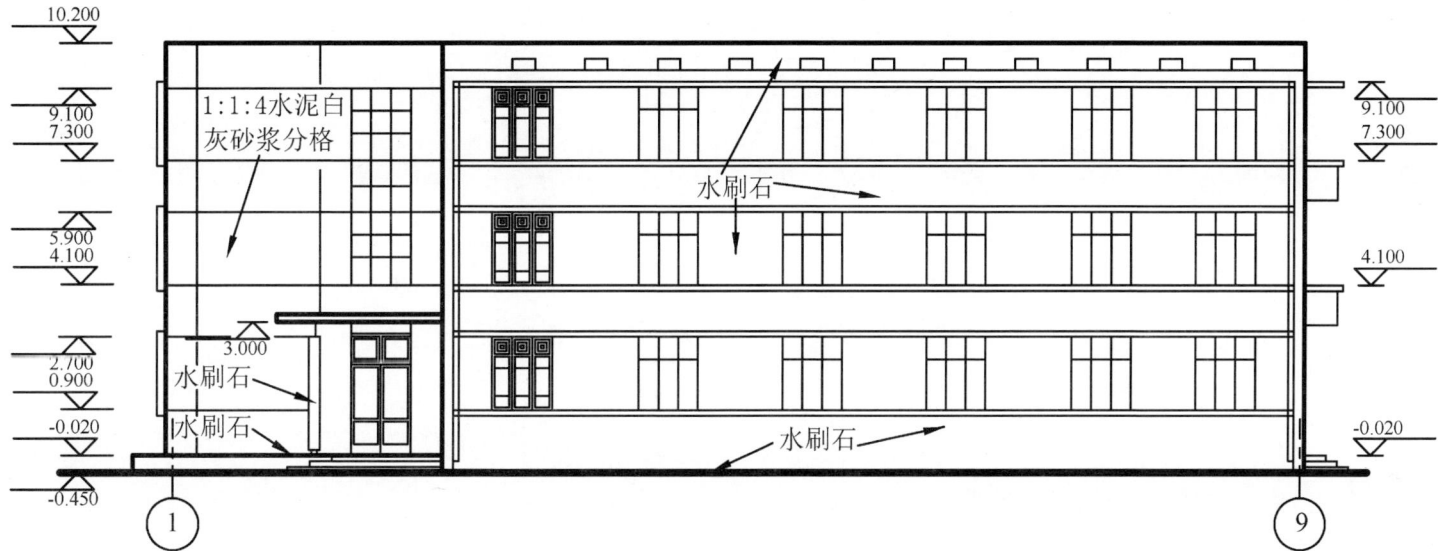

10.200

9.100
7.300

1:1:4水泥白
灰砂浆分格

5.900
4.100

9.100
7.300

水刷石

4.100

2.700
0.900

3.000

水刷石

-0.020

水刷石

水刷石

-0.020

-0.450

①

⑨

①~⑨立面图　1:100

参 考 文 献

[1] 许永年，谭琼. 工程制图习题集[M]. 北京：清华大学出版社，2007.

[2] 郭红利. 机械制图习题集[M]. 北京：化学工业出版社，2022.

[3] 许永年，王平. 机械制图习题集[M]. 武汉：华中科技大学出版社，2000.

[4] 常明. 画法几何及机械制图习题集[M]. 武汉：华中科技大学出版社，2004.

[5] 卢健涛. 现代工程制图习题集[M]. 北京：机械工业出版社，2003.

[6] 许永年，覃小斌，王士虎，等. 工程制图习题集[M]. 北京：中央广播电视大学出版社，1999.

[7] 李亚萍. 机械工程图学习题集[M]. 武汉：武汉大学出版社，2004.

[8] 朱四芳. 工程制图习题集[M]. 3版. 北京：高等教育出版社，1999.

[9] 胥北澜，朱冬梅. 画法几何及机械制图习题集[M]. 武汉：华中科技大学出版社，2004.

[10] 张国珠，戴时超，宋长林. 工程制图习题集[M]. 北京：北京理工大学出版社，2003.

[11] 杨胜强. 现代工程制图习题集[M]. 北京：清华大学出版社，2004.

[12] 易幼平. 土木工程制图习题集[M]. 北京：中国建材工业出版社，2002.

[13] 何斌，陈锦昌，王枫红. 建筑制图习题集[M]. 北京：高等教育出版社，2001.